长白山科学研究院
长白山保护开发区山水林田湖草生态保护修复工作领导小组办公室
长白山生物群落与生物多样性吉林省联合重点实验室
"长白山区百合种质资源收集、评价及人工驯化"课题

资助出版

长白山区百合

崔凯峰　黄利亚　陈兆双　主编

科学出版社

北　京

内 容 简 介

本书对长白山区野生百合进行全面调查，分析长白山区野生百合种群面临问题，指出种质资源保护的发展方向，重点介绍长白山区野生百合引种驯化、病虫害防治及栽培技术，通过以点带面的方式对毛百合、卷丹的栽培技术进行全面介绍；对我国百合的野生资源分布、园艺百合发展现状、目前面临问题及发展方向进行综述性介绍；对百合温室大棚、组织培养、园艺百合栽培技术进行简述；对百合相关产业、食用和药用价值进行阐述。

本书具有专业性、科普性、实用性等特点，可供百合研究工作者阅读，也可供百合种植户、花卉爱好者参考使用，还可用于养生及防病治病。

图书在版编目（CIP）数据

长白山区百合 / 崔凯峰，黄利亚，陈兆双主编. —北京：科学出版社，2018.6

ISBN 978-7-03-058123-5

I.①长… II.①崔… ②黄… ③陈… III.①长白山—野生植物—百合—蔬菜园艺 IV.① S644.1

中国版本图书馆 CIP 数据核字（2018）第 134597 号

责任编辑：张静秋 / 责任校对：彭 涛
责任印制：吴兆东 / 封面设计：铭轩堂

科 学 出 版 社 出版
北京东黄城根北街 16 号
邮政编码：100717
http://www.sciencep.com

北京虎彩文化传播有限公司印刷
科学出版社发行 各地新华书店经销
*
2018 年 6 月第 一 版 开本：720×1000 1/16
2018 年 12 月第二次印刷 印张：11 1/2 插页：6
字数：250 000
定价：78.00 元
（如有印装质量问题，我社负责调换）

《长白山区百合》编写委员会

主　　编　崔凯峰　黄利亚　陈兆双

编写人员　（按姓氏笔画排列）

于长宝　于文杰　马宏宇　王　超　王卓聪　尹　航

巴　蕾　冯绣春　李冰岩　朱禹蒙　刘　利　刘丽杰

杨言辉　邴贵平　肖　影　沈　璐　张　睿　张洪亮

张德文　陈兆双　陈庆红　邰志娟　金　慧　赵　莹

贾　翔　徐　铭　黄利亚　黄祥童　崔凯峰

绘　　图　杨　阳

摄　　影　崔凯峰

序

　　好友凯峰近日找我，说写了一本书，让我看一下，如果可以，写个序。我看完之后感想颇多——没有想到长白山区百合品种如此之多，其观赏、科研价值超出了我的想象。我为长白山科学研究院的辛勤付出、为凯峰工作的阶段性总结而高兴。

　　全球百合品种众多，具有重要的观赏、食用和药用价值，我国在百合食用和药用品种开发、中成药组方等方面具有悠久历史，通过配方施肥、科学管理等栽培措施，大大提高了百合的产量和质量，带动了百合产业化发展，拉动了地区经济，对群众增收致富、脱贫奔小康有重要作用。但是我们清醒地认识到，目前我国百合鲜切花产业与发达国家尚有一定差距。20世纪，欧美国家对百合种质资源高度重视，认识到园艺新品种开发必须依靠野生种质资源，进入21世纪，欧美国家不仅收集的百合种质资源品种多，而且已经进行科学化、规范化管理。花卉王国——荷兰对百合鲜切花的研究走在世界前列，在品种开发、病虫害防治、田间管理、精准施肥、组织培养等方面已经实现工厂化。我国百合鲜切花产业目前在科技人员的不懈努力下正奋起直追：针对百合的学术论文从无到有，从介绍经验到全面阐述栽培技术；常规管理、采用综合方法及特殊方式育种等都取得突破性进展；以百合为代表的球根花卉产业从最初的完全从国外购买转向自主培育大众品种；从最初季节性露地栽培到现代高科技立体化温室大棚工厂化种植，实现周年供应市场。我国百合产业的综合能力得到了国际认可，百合的研究与发展与国际全面接轨。

　　我国对环境资源保护的重视程度达到了历史新高度，长白山科学研究院在长白山的发展、规划及动植物资源开发利用方面承担着重任。保护、开发、利用长白山的环境及资源，既要有综合性、多学科的联合科研攻关，又要从精细、具体化的科研项目入手，对单科、单属乃至单种的研究是科技发展的方向之一。"长白山区百合种质资源收集、评价及人工驯化"课题就是从精细、具体化入手的实用性科研项目，研究越精细越能出新成果，科技成果转化率高，群众利用科技成果的积极性才能增强，致富渠道才能拓宽，社会发展进步才能具体体现，通过科技发展将会有力缓解"人民日益增长的美好生活需要和不平衡不充分的发展之间的矛盾"。

　　长白山在建设世界级生态旅游目的地、打造国际旅游特色示范城镇、体现地域特色等方面的优势非常明显，神山、圣水、森林是不可复制的资源。旅游事业发展离不开科技投入，只有将资源优势逐步具体化，才能不让游客来一次长白山而无后续景观吸引二次重游。通过科技支撑，使长白山的一草一木、一雪一景乃至鸟、兽、虫、鱼皆体现出魅力，让游客震撼、可观、能学、留恋、回味，老人在重游长白山时可以史海钩沉，年轻人对长白山的粗犷神奇惊叹自豪，孩子的心灵在长白山得到升华。

长白山区百合品种不是很多，但意义重大，且各具特色：毛百合花朵硕大，花色红艳，群花观赏效果极佳；有斑百合花序众多，清雅脱俗；大花百合是长白山区唯一生长于湿地的品种，具有重要的科研价值；卷丹是群众种植热情最高的品种，具有完善的产、供、销市场链条；朝鲜百合观赏、科研价值较高，野生种群小且种源少；大花卷丹是长白山区株型最高大、花朵最多的品种；山丹是长白山区百合唯一叶片呈松针状的品种；垂花百合花朵清香脱俗，被列入国家Ⅱ级保护品种（第二批）；东北百合仅有一轮叶片，观花赏叶效果奇佳。这些品种都具有耐寒性强的共性，能在高寒山区自然越冬，对培育抗寒园艺新品种具有重要的科研价值，是大自然留给我们的宝贵财富，我们要一定保护、开发、利用好这些资源，利用长白山区野生百合资源加强科研横向联合，培育出更多优质、美丽的百合新品种。园艺品种开发离不开野生品种的支撑，特别是现代杂交育种技术利用野生品种与园艺品种多次杂交，培育众多新品种。目前我国对野生百合种质资源的收集、保存和研究的重视程度超过历史上任何一个时期，特别是以前忽视的纤细品种，生长栖息地独特的品种，种质资源分布面积小、种群少的品种，都成为科技人员的重点研究对象。

通过该书可以看出长白山科学研究院百合科研团队对我国百合现状、长白山区百合品种的重要性、野生资源的濒危程度有清醒的认识，在引种驯化方面做出了扎实工作，取得了阶段性成果。难能可贵的是，课题组全体人员结合课题、引进园艺新品种，既在长白山高寒地区进行试验性种植，又为杂交育种做准备，取得了宝贵的第一手资料。

"天池求卓越，林海纳百川"，希望通过长白山科学研究院及国内外相关专家的共同努力，使长白山的百合早日迈出深山、走向世界。希望通过科学研究、有序开发长白山区的各种自然资源，让世界了解长白山的花、鸟、虫、鱼、草和美丽风光。

2018 年 3 月

前　言

百合是中国传统名花，我国开发利用的历史悠久。特别是现在人们随着生活水平的逐步提高，对百合的观赏、药用和食用价值认识达到了一个新高度。百合的观赏价值随着品种的不断研发而逐步提高，国际上将传统的玫瑰、菊花、唐菖蒲、康乃馨四大鲜切花种类增加了百合、非洲菊，从而变为六大鲜切花，这既说明百合的市场占有率高，又说明百合品种研发多样性及推陈出新的速度顺应了人民群众对鲜切花的需求。

目前，我国百合特色经济发展与人们的实际需求有一定差距，且地区发展极不均衡，农业产业链脆弱，在生产、流通、销售领域存在诸多问题：由于国内新品种开发与国际研究水平有一定差距，导致生产周期受国际因素影响较大，丰产不丰收的现象在一定阶段会重复出现；由于栽培技术原因导致病虫害防治不及时从而造成重大损失；对自然灾害重视不够导致在极端恶劣气候发生时出现绝产现象。这些问题的解决，需要政府及相关科研机构共同努力——政府引导合理安排种植计划，科研机构加强产、学、研联合发展，打破新品种研发过度依赖国外的现状。

全球百合属共有96个种，我国有47个种，其中特有种36个，全国各地均有分布，南方地区分布种源较多。长白山区百合种源数量较少，但具有不可替代的作用，株型、花期、花色、生长环境均不同。百合在园林布景方面具有重要作用，是整体景观中画龙点睛的神来一笔。通过园艺杂交可以取得抗寒新品种，长白山区百合与全球大多数百合都可以开展多次杂交，既可以培育出抗寒、抗病、丰花的园艺品种，又能够培育出大鳞茎可供药用、食用的品种，具有不可替代的重要价值。

编者对长白山区的野生百合资源进行了多年调查，发现野生资源贮藏量锐减，特别是垂花百合、大花百合、大花卷丹、有斑百合、山丹等野外很难觅到较大种群，主要原因是人类活动改变了野生百合的生存环境，压缩了生存空间，自然环境改变、开矿、修路、开垦农田、放牧等因素已经迫使长白山区野生百合种群分布面积减少、种源数量锐减。未来百合的开发将会更加注重百合品种的综合繁育技术。一些弱少、生长地域独特的品种，在百合药用、食用及新品种研究中具有重要的研究价值。

本书的撰写以长白山区百合为主线，同时对我国的百合野生资源进行简介。本书第1章主要对百合的历史、分布及生物学特征进行介绍，第2～4章对东北地区百合品种资源状况、长白山区野生百合引种驯化繁殖基地选址原则及驯化栽培技术进行阐述，第5章对百合常见病虫害及其他危害类型的综合防治技术进行说明，第6章对百合组织培养进行了综述性介绍，第7章介绍了长白山区园艺百合栽培技术，第8章介绍了百合的温室大棚类型，第9章介绍了百合的加工、食用及药用方法。

在百合研究领域有大量专家开展工作，我们对长白山区百合的介绍只是做了一个阶段性小结。由丁水平所限，难免会有不足之处，敬请专家及读者提出宝贵意见。希望《长白山区百合》一书的出版，能为百合研究做出一点贡献。希望长白山区美丽的百合通过科技人员的不懈努力，在未来得到更好的开发应用。

编　者

2018 年 3 月

目　录

第1章　百合概况

1.1　历史与发展

1.1.1　名称

广义的百合指百合科（Liliaceae）中大百合属（*Cardiocrinum*）、豹子花属（*Nomocharis*）、假百合属（*Notholirion*）和百合属（*Lilium*）的所有种类，狭义的百合指百合属内所有种。百合的属名"*Lilium*"来源于希腊语"Leirion"，意思为"百合"，英文名为"Lily"。

我国历史上百合别称很多，有强瞿、蒜脑薯、番韭、中花、夜合、喇叭筒、摩罗、药百合等，主要是依据药用、形态、观赏及本地品种特征等因素而产生的当地名称，现代随着百合分类的完善，纠正了历史上百合品种、名称的混淆。

中国是百合的起源中心。"百合"名，最早出自汉《神农本草经》，百合被视为百年好合、百事合意的吉祥象征，并被誉为"云裳仙子"。百合因鳞茎可食并入药、花可供观赏而备受推崇。南北朝时有诗云："接叶有多种，开花无异色。含露或低垂，从风时偃抑。"赞美百合具有超凡脱俗、矜持含蓄的气质。诗人陆游《咏百合》咏道："芳兰移取遍中林，余地何妨种玉簪，更乞两丛香百合，老翁七十尚童心。"唐代王勃《百合花赋》写道："荷春光之余照，托阳山之峻趾，比蘡薁之能连，引芝芳而自拟。"苏辙《种花二首》写道："山丹得春雨，艳色照庭除"。宋代罗愿《尔雅翼》记载："百合小者如蒜，大者如碗，数十片相累，状如白莲花，故名，言百片合成也"。宋代杨万里《山丹花》咏道："春去无芳可得寻，山丹最晚出云林。柿红一色明罗袖，金粉群虫集宝簪。花似鹿葱还耐久，叶如芍药不多深。青泥瓦斛移山葝，聊著书窗伴小吟。"苏轼著有"堂前种山丹，错落玛瑙盘"。明王象晋在《群芳谱》中记载了大量观赏植物种类，将百合列为果实类，将山丹列为花木类，对百合品种收录有野百合（*Lilium brownii*）、渥丹（*L. concolor*）、山丹（*L. pumilum*）、卷丹（*L. lancifolium*）、条叶百合（*L. callosum*）等，书中列出一种从日本引进的百合，称为"洋百合"，根据描述推断应为大花卷丹（*L. leichtlinii*）。根据书中描述，说明当时我国已有多种百合被认识，并以食物和观赏方式进行收录，并且掌握了鳞片繁殖技术。清代陈淏子《花镜》对350多种植物的形态特征、用途、栽培、病虫害防治进行了详细记载，增录了从日本引进的天香百合（*L. auratum*）、麝香百合（*L. longiflorum*）两个品种，记载当时我国有8种百合栽培品种。

我国传统上认为百合具有百年好合、美好家庭、伟大的爱之含意，有深深祝福的意义。受到百合花祝福的人具有单纯天真的性格，集众人宠爱于一身。百合代表纯洁、优雅、高贵，"纯洁"是爱情的象征，"优雅"是文化传承的体现，"高贵"是人类尊严的代表。百合的含义充分体现出人们对百合花的喜爱及对美好未来的憧憬。中国自古就有栽培百合的历史，百合的食用、观赏、药用方法通过图书、绘画、建筑雕刻等形式传承至今。

1.1.2　功效

百合被称为"清肺之王"，我国古代对包括百合在内的野生植物研究利用并著书传世，《本草纲目》《野菜谱》《茹草编》《野菜博录》《救荒本草》等对百合的食用进行记载，为当时及后人留下了宝贵的资料。东汉《神农本草经》记载百合"味甘、平。主治邪气腹胀，心痛，利大、小便，补中益气"。东汉张仲景在《金匮要略》的百合病篇中，记录百合行"君子"之方，以百合为主药，验方主治热病后、余热未消之"百合病"，对百合的药用功能已有详细论述。魏晋陶弘景在《名医别录》记载百合"除浮肿胪胀，痞满，寒热，通身疼痛，及乳难，喉痹肿，止涕泪"。唐甄权著《药性论》最早记载百合可治疗咳嗽，"主百邪鬼魅，涕泣不止，除心下急满痛，治脚气，热咳逆"。《日华子本草》记载百合"安心，定胆，益志，养五脏。治癫邪啼泣、狂叫，惊悸，杀蛊毒气，熠乳痈、发背及诸疮肿，并治产后血狂运"。《医学入门》记载百合"治肺痿，肺痈"。明李时珍《本草纲目》记载百合"百合之根，以众瓣合成也。或云专治百合病故名，亦通。其根如大蒜，其味如山薯，故俗称蒜脑薯"。顾野王《玉篇》亦云："乃百合蒜也。此物花、叶、根皆四向，故曰强瞿"。明倪朱谟《本草汇言》记载百合"养肺气，润脾燥。治肺热咳嗽，骨蒸寒热，脾火燥结，大肠干涩"。明、清后对百合的药用记载愈加详细。清张璐《本经逢原》记载百合"能补土清金，止嗽，利小便"。清赵学敏《本草纲目拾遗》记载百合"清痰火，补虚损"。百合在现代医学领域内是一味重要的中药，在中药组方中发挥重要作用，传统验方更是传世瑰宝。百合的食疗、美容效果突出，全球产业蓬勃发展，利润十分可观。

1.1.3　发展史

西方米诺文明时代就有百合图案出现（公元前1750～前1600年）。古罗马人相信第一朵白色百合花是天后赫拉的乳汁幻化而来，于是将百合献给众神之神的妻子。自从公元两千年前古罗马扩张，百合也被广泛带入欧洲大地，各种传说、诗歌、传记、画卷为后人留下了宝贵的文化遗产，在罗马和希腊青年男女的婚礼上，新娘会戴上以百合为主的花冠，希望生活能够百年好合、五谷丰登。白色百合花被誉为"圣母之花"，是圣母玛利亚纯洁的象征。在基督教中，百合象征纯洁、贞洁和天真无邪，每当复活节日，百合花束会出现在基督教的各个角落，因为它象征着耶稣复活。《马太福音》记载："百合花赛过所罗门的荣华"。以色列国王所罗门建造的寺庙柱顶上装饰有百合花样的图形。日本于公元 720 年曾将百合花作为贡品献给天皇。

16 世纪末，英国科学家对百合品种进行了分类研究，由于交通阻碍，主要围绕欧洲品种开展。17 世纪，美国百合传入欧洲。18 世纪，中国产的百合品种通过丝绸之路进入欧洲。百合在欧洲逐渐形成以观赏为主的重要园林品种。19 世纪后期，百合病毒病暴发，大多数品种濒临灭绝，百合的发展受到了严重制约，特别是栽培品种损失惨重。直到 20 世纪初，欧洲研究人员利用我国岷江百合（又名千叶百合、王百合，拉丁名 *L. regale*）进行杂交，培育出耐病毒的众多新品种，百合产业才得以再次发展。

第二次世界大战后，欧美国家对百合的研究达到鼎盛，培育出大量的新品种，在花色、花型、株型、株高等方面均有突破，掌握了种源扩繁技术，为百合大量繁殖提供了技术支撑。近半个世纪以来，欧美一些国家相继成立百合协会并出版百合年鉴，如北美百合协会从 1947 至今每年发行百合年鉴，对推动百合发展起到了重要作用。

20 世纪 30 年代，白色百合花在我国上海大量应用于花篮、花束及装饰品，象征吉祥、吉庆，推动了百合的种植发展；40 年代，麝香百合作为鲜切花品种在我国南方多省广为流行，同时百合的食用及栽培得到重视；50 年代，中国科学院植物研究所北京植物园开始了百合的引种驯化和繁殖工作，当时从国内外共引种百合 30 余种；80 年代，我国开始百合杂交育种选育工作；90 年代，鲜切花品种流行，确立了菊花、玫瑰、唐菖蒲、康乃馨四大鲜切花市场地位，百合鲜切花的发展及商业价值已经引起以荷兰为主的国际重视及重点研究；进入 21 世纪，形成以菊花、玫瑰、唐菖蒲、康乃馨、百合、非洲菊为主的六大鲜切花品种。

以百合为国花的国家有梵蒂冈（白百合）、列支敦士登（黄百合）、智利（戈比爱野百合）、尼加拉瓜（姜黄百合）和古巴（姜黄百合）。

1.1.4 分类

最早在植物学领域记录百合是公元 1 世纪，由希腊植物学家 Dioscorides 记载。百合最早作为园艺植物被记录是在 1629 年。17 世纪，著名植物分类学家 Carl Linnaeus 在他的《植物种志》中建立百合属（*Lilium*），百合的分类学迅速发展。同一时期的法国皇后约瑟芬·博阿尔内在巴黎南部梅尔梅森城堡建立了自己的花园，广泛收集世界各地的观赏植物，吸引了众多植物学家加入，最终发展为具有代表性的大型植物园林，皮埃尔-约瑟夫·雷杜德（Pierre-Joseph Redouté，1759～1840 年）是当时的皇家御用画师，通过数十年绘画，绘制了铜版雕版画——《百合》。当时著名的植物学家奥古斯丁-派拉默斯·德·坎杜勒（Augustin-Pyramus de Candolle）、弗朗科斯·德·拉·洛希（Francois de Ia Roche）和阿来尔·莱芬纽-迪来（Alire Raffeneau-Delile）等为该画绘制的各种百合作了详细注释，成为传世巨作。1986 年英国园艺学家 S. G. Ham 以《中国植物志》为蓝本出版了《中国的百合植物》（*The Lilies of China*），将中国百合种质资源介绍给全世界。

我国自古就栽培百合，栽培历史在 1100 年以上。据资料考证，我国主要有 3 种百合在传世的古书籍中有记载，分别是野百合（*L. brownii*）、卷丹（*L. lancifolium*）和山丹（*L. pumilum*）。2200 年前的汉代《神农本草经》对百合的食用与栽培已有阐述。唐《千金翼方》介绍了百合栽培技术："上好肥地加粪熟斸讫，春中取根大者，擘取瓣于畦中种如蒜法，五寸一瓣种之，直作行，又加粪灌水。苗出，即锄四边，绝令无草，春后看稀稠得所，稠处更别移亦得，畦中干，即灌水，三年后甚大如芋，然取食之，又取子种亦得，或一年以后二年以来始生，甚迟，不如种瓣"。唐宪宗时，段成式在《酉阳杂俎》中记载："元和末，海陵夏危乙庭前生百合花，大于常数倍"。明朝《平凉县志》记载："蔬则百合、山药甚佳"。1578 年明朝药理学家李时珍撰写完成了传世医学巨著《本草纲目》，将百合的功效、食用品种进行了分类。1621 年明朝王象晋著有《群芳谱》，书中汇集了百合历代研究资料及文人墨客对百合赞美的诗词歌赋。1688 年清朝陈淏子著《花镜》，记载当时我国百合栽培品种有 8 种，对观赏价值介绍较多，并且对百合的栽培管理、病虫害防治及繁育技术进行了详细叙述。

Wilson 在他的著作《东亚百合》中记载了 46 种百合，分 4 个亚属和 4 个组。M·B·Eapahol 经过系统深入研究，将全世界百合分为 11 组、12 亚组、12 系、117 种。我国学术界将百合分为 4 组 40 种（不含变种），这种分类体系得到国内学者接受。20 世纪以来，百合园艺品种的栽培类型日益增多，目前在英国威斯利植物园收录的百合新品种有 5000 多个，园艺品种占主要部分。英国皇家园艺学会和北美百合学会把百合的各个栽培品种及其原始亲缘种与杂种的遗传衍生关系分为 9 大类：①亚洲杂种（Asiatic hybrids）；②欧洲百合杂种（Martagon hybrids）；③纯白百合杂种（Candidum hybrids）；④美洲百合杂种（American hybrids）；⑤麝香百合杂种（Longiflorum hybrids）；⑥喇叭形杂种和奥列莲杂种（Trumpet hybrids and Aurelian hybrids）；⑦东方百合杂种（Oriental hybrids）；

⑧各式各样杂种（Miscellaneous hybrids）；⑨百合原种系（Lily species）。

根据野生百合花型及叶型，学术界将其分为以下4个组。

1）百合组。又称喇叭花组，该组百合品种众多，花朵呈喇叭状，横生于花梗上，花瓣尖端略向外弯，叶互生。多数品种具有香味，商业开发及研究价值较高。野百合（*L. brownii*）、岷江百合（*L. regale*）、麝香百合（*L. longiflorum*）、台湾百合（*L. formosanum*）、宜昌百合（*L. leucanthum*）、淡黄花百合（*L. sulphureum*）、通江百合（*L. sargentiae*）等均属于该组。

2）钟花组。该组百合花瓣较短，花朵向上、斜倾或下垂，叶互生，种类具有特色，遗传基因丰富，是杂交育种的重要亲本。玫红百合（*L. amoenum*）、紫花百合（*L. souliei*）、滇百合（*L. bakerianum*）、墨江百合（*L. henricii*）、小百合（*L. nanum*）、尖被百合（*L. lophophorum*）、蒜头百合（*L. sempervivoideum*）、毛百合（*L. dauricum*）、渥丹（*L. concolor*）等均属于该组。

3）卷瓣组。该组百合花朵下垂，花瓣向外反卷，雄蕊上端向外开张，叶互生。庭院栽培较多，盆花及鲜切花较适宜。卷丹（*L. lancifolium*）、兰州百合（*L. davidii* var. *unicdor*）、药百合（*L. speciosum* var. *gloriosoides*）、湖北百合（*L. henryi*）、川百合（*L. davidii*）、松叶百合（*L. pinifolium*）、紫斑百合（*L. nepalense*）、卓巴百合（*L. wardii*）、单花百合（*L. stewartianum*）、大理百合（*L. taliense*）、南川百合（*L. rosthornii*）、金佛山百合（*L. jinfushanense*）、宝兴百合（*L. duchartrei*）、丽江百合（*L. lijiangense*）、山丹（*L. pumilum*）、大花卷丹（*L. leichtlinii* var. *maximowiczii*）、垂花百合（*L. cernuum*）、条叶百合（*L. callosum*）、乳头百合（*L. papilliferum*）、绿花百合（*L. fargesii*）、乡城百合（*L. xanthellum*）、开瓣百合（*L. apertum*）、碟花百合（*L. saluenense*）等均属于该组。其中卷丹及兰州百合食用历史悠久。

4）轮叶组。该组百合品种较少，特点是叶片轮生或接近轮生，花朵向上或下垂。新疆百合（*L. martagon* var. *pilosiusculum*）、东北百合（*L. distichum*）、青岛百合（*L. tsingtauense*）、藏百合（*L. paradoxum*）等均属于该组。

百合依花色分有红、黄、紫、白、粉5个基础花色，又依花色的深浅变化而细化为6大系，分别是红色系、粉色系、白色系、黄色系、杏黄色系及复色系。百合按用途分为药用、食用、观赏三大类，其中观赏类又细分为盆花类、切花类、花坛类。按花期分为：①早花类，萌芽到开花需60～80d；②中花类，萌芽到开花需80～100d；③晚花类，萌芽到开花需100～120d；④极晚花类，萌芽到开花需120～140d。

1.1.5　百合花卉商业化发展现状

百合花卉产业以盆栽、鲜切花为主，其中鲜切花百合是国际上流通和经营最快、最好的产品，百合系列品种研发及经营已经建立了一整套成熟的模式。荷兰是世界百合鲜切花产业领头羊，荷兰花卉产业取得成功主要有以下几点原因。

首先，20世纪70年代荷兰即在栽培品种选育方面建立了一套科学完整的技术管理体系：组织培养→鳞片繁殖→子球培育→种球繁育管理→种球收获加工出口。科学管理、生产规模、区域种植的规模化及营销方式在当时已经走到了世界前列。目前荷兰百合鲜切花种植技术已经工厂化，利用高科技设备配置连栋式温室大棚，制订生产周期，种球规格分类→解除种球休眠→栽培→萌芽→生长→蕾期管理→采收→包装→库存冷藏，已经精确到日，保证了百合规模化、商品化需求。

其次，荷兰对百合的品种研发一直持续发展。每年产商业种球近20亿粒，其中70%出口至全球，产生经济效益12亿美元以上。为了保证在鲜切花领域的领先地位，荷兰在全国建立了近2000个原种及栽培种的基因库，涵盖了全球大多数百合的种质资源，为百合新品种研发提供种质资源保障。另外，荷兰球根花卉协会高效控制着荷兰百合花的产品专利，对新品种的研发及上市每年只推出3~5个，既保证了市场占有率，能够让市场及时消化、消费，又避免推出品种过多造成价格波动过大。对主要栽培品种不断提高科学种植技术，研发鲜切花保鲜技术，对栽培种通过控光、控温、生长调节剂使用等措施研究周年开花技术，达到一年四季全球供花。

第三，建立完善的销售渠道。花荷鲜花拍卖公司（Royal FloraHolland）是荷兰花卉产业中心，也是世界上最大的鲜花拍卖公司，旗下拥有6家鲜切花拍卖市场，其中5家位于荷兰境内，1家位于德国。旗下的阿斯米尔鲜切花拍卖中心位于阿姆斯特丹市阿斯米尔镇，是世界最大的鲜花交易中心，被誉为"花卉产业的华尔街"及"世界鲜切花业跳动的心脏"，每天平均拍卖约2000万朵鲜花与200万株盆栽植物。除了荷兰本地的花农，国外超过1500家花农也将他们的产品通过荷兰销售到世界各地，对花商而言，阿斯米尔是"花卉王国"的代名词，全球80%的花卉产品通过这个鲜花拍卖市场进行交易。阿斯米尔鲜切花拍卖中心拥有规模庞大的电子交易厅，可以看到鲜花拍卖的全过程，每个交易厅席位数都超过300个。花荷鲜花拍卖公司鲜花拍卖过程独特，高科技与有效率的拍卖方式是荷兰鲜花交易蓬勃的原因。每天7点开始拍卖会，拍卖采用减价法，每个拍卖标出现后，拍卖钟指针会持续地由较高的价钱往低价格旋转，直到有买家按下按钮，指针停止位置即是销售价格。然后，得标的买家通过麦克风告知所需的数量，成交后鲜花立即打包付运，当天下午就出现在纽约、巴黎、东京、温哥华、迪拜等世界各地的鲜花商店中。

世界其他国家生产及销售百合鲜花主要与本国的经济发展状况相吻合。日本是消费及购买百合种球最多的国家，每年进口种球 1.9 亿粒以上，价值超 5 亿美元，主要应用于传统插花；韩国是近年新兴的生产、消费大国，从 20 世纪 90 年代开始，花卉从业人数稳定在 1.2 万人，每年从荷兰进口 3180 万粒种球，年产值 5 亿多美元；美国以百合盆花生产经营为主，21 世纪初销售额在 3500 万美元以上；此外，意大利、德国、法国、墨西哥、哥伦比亚、以色列等国家在百合的生产、销售及消费方面，在全球均占有一定份额。

1.1.6　我国百合发展现状

我国对百合的利用传统上以食用、药用为主，近年来随着物质生活水平的提高，群众对美好生活的需求日益提高，对花卉的审美及利用发生了由量到质的转变，观赏百合的市场逐渐发展成熟。中国百合种植从产业上分为两大类。

（1）以食用、药用为主要目的

以卷丹（*L. lancifolium*）、百合（*L. brownii* var. *viridulum*）、山丹（*L. pumilum*）为主的栽培品种，以食用、药用为主要目的，已实行规模化基地种植模式。目前国内共有 4 大百合产区，分别是湖南邵阳、江苏宜兴、浙江湖州、甘肃兰州。其中湖南邵阳、龙山等地以卷丹为主要栽培品种，特别是龙山县，栽培面积 3335 ha，年产卷丹 2500 万 kg，江苏宜兴、吴江和浙江湖州以种植宜兴百合（卷丹）为主，甘肃兰州、平凉，山西平陆等地以栽培兰州百合为主，四川、云南等以种植川百合为主。卷丹、百合、山丹是《中国药典》（1995 年版）规定的药用百合品种。

（2）以观赏、园林绿化为主要目的

改革开放前，百合的观赏栽培以盆栽和庭院绿化为主，栽培的品种仅限于卷丹、山丹、药百合、湖北百合、麝香百合等几个品种。改革开放后，国外的百合鲜切花品种进入中国市场，鲜切花产业具有巨大的经济效益，各地纷纷种植和发展鲜切花产业。云南是中国的花卉大省，独特的地理环境非常适宜百合种植，种植规模、种球产量、品种质量均居全国主位。辽宁省 20 世纪 90 年代以种植唐菖蒲种球为主，进入 21 世纪大力发展百合鲜切花产业，目前包括百合在内的鲜切花产量雄居全国之首。上海是我国百合园林栽培研究最早的地区，研究历史悠久，拥有雄厚的花卉研究力量，20 世纪 80 年代开始研究野生百合的繁殖及育种技术，90 年代研究国际流行的鲜切花品种栽培技术，通过筛选、冷藏、保护地栽培等措施成功使百合鲜切花在元旦、春节上市，丰富了节日的鲜花品种。甘肃、陕西、青海、浙江、福建等省在百合鲜切花生产上也具有一定实力。

目前鲜切花已由 20 世纪的农田季节性栽培逐渐转向周年温室种植，科技发展使鲜切花种植在数量、质量、花期等方面有了很大改善，逐步走向专业化种植。20 世纪 90 年代，我国鲜切花产业尚在起步阶段。90 年代中期，鲜切花产业快速发展，鲜切花年消费几千万粒（株）。农业部公布的2016年全国花卉统计数据显示：全国花卉生产总面积133.04万ha，是2005年全国花卉种植面积（43万ha）的4倍多，销售额1389.70亿元，出口额6.17亿美元；全国鲜切花类产品种植面积6.46万ha，比2015年的6.29万ha增长2.63%；2016年花木种植面积排在前10位的是江苏、浙江、河南、山东、四川、云南、福建、湖南、广东、湖北，种植面积之和为98.80万ha，占全国总面积的74.26%，云南鲜切花种植面积以1.37万ha成为全国第一。进入21世纪，百合鲜切花以每年20%的增长速度进入我国市场。2013年我国进口荷兰百合种球2.45亿粒，进口智利、新西兰种球0.37亿粒，创历史新高。

虽然我国包括百合在内的鲜切花产业蓬勃发展，但是面临问题较多：①种源（鳞茎）更新高度依赖以荷兰为主的国际市场，国际市场主导着种球发展走向及价格制定权；②上市时间过于集中，通常国内种植户与经销商只看好元旦、春节消费市场，鲜切花季节性产出差距大，丰产不丰收，导致花农连续种植鲜切花的积极性波动较大，这与行业协会的组织协调、信息发布及引导不及时有关；③栽培地区分布不均衡、营销措施不完善，地区经济、栽培技术、营销措施决定着栽培面积的多少，全国鲜切花种植面积超过千公顷的以南方省份为主；④经济收入差距导致消费地区与消费群体参差不齐，改革开放以后，我国沿海城市经济发展迅速，南方地区经济整体好于北方，南方地区鲜切花的消费明显超过北方，种植基地及规模也大于北方，特别是东北三省老工业基地由于受多方面因素影响，经济发展落后，对鲜切花的消费影响较大；⑤百合是病虫害较多的球根植物，我国目前科技投入及栽培技术滞后，科研力量薄弱影响了百合产业发展。

虽然我国有众多的农业类大学及花卉研究机构，相关专业人才众多、科研设备先进，但是培育一个百合新品种需要的条件太多：①需要种源收集基地，只有充足的种源基础，才能开展相关研究；②需要持之以恒的耐心，培育一个新品种需要杂交授粉成功→采收种子→种植三年→申报鉴定等程序，在保证所有环节不失误的前提下鉴定一个新品种周期在5年以上，目前我国的科研项目大多以3年为一周期，科研人员受到众多外部因素影响，如课题延续申请、职称晋级、各种考评、论文发表等，难以研究耗时长久的科研项目，导致科研人员不愿意开展百合杂交育种工作，百合研究工作代表着科研领域的工作态度，"厚积而薄发""十年磨一剑"才是科研人员的本质；③栽培技术影响产业发展，百合栽培技术要求非常高，不论是大田栽培还是温室种植，往往第一个周期收益颇丰，但之后易受重茬、土质、肥料、病虫害、灌溉、种球复壮、贮藏、销售等诸多因素影响，种植规模起伏较大；④专业种植基地少，这里的专业种植指长期从事鲜切花种植的专业户，以温室大棚周年种植为主，形成公司企业化运营，科学运用光、水、温、土、肥等生长要素，合理安排种植计划，投入科研经费研究种群复壮及开发新产品，尽最大力量研究、抵御鳞茎引进价格过高、病虫害暴发、销售价格暴涨暴跌等风险，这也是欧美发达国家的主要栽培及经营模式。

基于以上诸多因素，我国目前百合鲜切花发展与发达国家差距较大，总产值与面积比只是荷兰的1/40。只有认知不足才能迎头赶上，我国在保持自身优势的前提下，提高与发展百合产业综合实力，制定出适合本国的发展道路，一定会追上发达国家的研究水平。

1.2 产地与分布

1.2.1 我国百合分布

全球野生百合为96种，主要分布在北半球的温带和寒带地区，亚洲是百合分布种类最多的地区，中国是世界百合野生种源最多的国家。调查资料显示，中国约有野生百合47种18变种，其中36种15变种为特有种；日本15种，其中9种为特有种；韩国11种，其中3种为特有种；亚洲其他国家和欧洲约22种，北美洲约24种。

我国百合分布地域广阔，北起黑龙江，西至新疆，东南至台湾，西南至云南、贵州和西藏，均有野生百合分布（表1-1）。

表1-1 我国野生百合资源分布表（引自龙雅宜等，1999）

分布地区	野生百合资源			
河北、山东、河南、江苏、浙江、安徽	百合 渥丹 山丹	*L. brownii* var. *viridulum* *L. concolor* *L. pumilum*	卷丹 青岛百合 条叶百合	*L. lancifolium* *L. tsingtauense* *L. callosum*
辽宁、吉林、黑龙江	毛百合 渥丹 有斑百合 渥金 大花百合 卷丹 朝鲜百合	*L. dauricum* *L. concolor* *L. concolor* var. *pulchellum* *L. concolor* var. *coridion* *L. concolor* var. *megalanthum* *L. lancifolium* *L. amabile*	大花卷丹 条叶百合 山丹 垂花百合 东北百合	*L. leichtlinii* var. *maximowiczii* *L. callosum* *L. pumilum* *L. cernuum* *L. distichum*
广东、广西、福建、台湾	野百合 台湾百合 麝香百合	*L. brownii* *L. formosanum* *L. longiflorum*	药百合 条叶百合	*L. speciosum* var. *gloriosoides* *L. callosum*

续表

分布地区	野生百合资源			
云南、四川西部	玫红百合	*L. amoenum*	松叶百合	*L. pinifolium*
	滇百合	*L. bakerianum*	丽江百合	*L. lijiangense*
	百合	*L. brownii* var. *viridulum*	南川百合	*L. rosthornii*
	川百合	*L. davidii*	岷江百合	*L. regale*
	宝兴百合	*L. duchartrei*	蒜头百合	*L. sempervivoideum*
	绿花百合	*L. fargesii*	单花百合	*L. stewartianum*
	墨江百合	*L. henricii*	披针叶百合	*L. nepalense* var. *ochraceum*
	乳头百合	*L. papilliferum*	蝶花百合	*L. saluenense*
	大理百合	*L. taliense*	小百合	*L. nanum*
	尖被百合	*L. lophophorum*	乡城百合	*L. xanthellum*
	开瓣百合	*L. apertum*	通江百合	*L. sargentiae*
	淡黄花百合	*L. sulphureum*	紫斑百合	*L. nepalense*
甘肃、山西、陕西	百合	*L. brownii* var. *viridulum*	宝兴百合	*L. duchartrei*
	川百合	*L. davidii*	宜昌百合	*L. leucanthum*
	山丹	*L. pumilum*		
西藏东南部	卓巴百合	*L. wardii*	紫斑百合	*L. nepalense*
	尖被百合	*L. lophophorum*	小百合	*L. nanum*
	藏百合	*L. paradoxum*		
新疆	新疆百合	*L. martagon* var. *pilosiusculum*		
四川东部、重庆、贵州、湖北、江西、湖南	紫花百合	*L. souliei*	宜昌百合	*L. leucanthum*
	滇百合	*L. bakerianum*	披针叶百合	*L. nepalense* var. *ochraceum*
	百合	*L. brownii* var. *viridulum*	会东百合	*L. huidongense*
	渥丹	*L. concolor*	天乡百合	*L. auratum*
	川百合	*L. davidii*	南川百合	*L. rosthornii*
	绿花百合	*L. fargesii*	金佛山百合	*L. jinfushanense*
	湖北百合	*L. henryi*	药百合	*L. speciosum* var. *gloriosoides*
	淡黄花百合	*L. sulphureum*		

　　我国野生百合多生长于交通不便的山区，跨亚热带、暖温带、温带和寒温带等气候区，分布于海拔 100～4300m 的山坡、林缘、林下、岩石缝隙及草甸中，多喜微酸土壤，少喜中性或弱碱性。为了对百合资源掌握清晰，学术界将我国划分为以下 5 个百合自然生长区。

　　1）中国西南高海拔地区。包括西藏东南部喜马拉雅山区和云南、四川横断山脉地区。区域特点是全年气候温暖湿润，光照适中，土壤微酸性，有 36 个百合野生种分布在该地区。

2）中国中部高海拔山区。包括陕西秦岭、巴山山区、甘肃岷山、湖北神农架和河南伏牛山区，属亚热带向暖温带、湿润向半湿润过渡地区，是中国南北气候和植物区划的分界线，也是温带植物和亚热带植物交汇集中分布。区域特点是夏季天较热，冬季较寒冷，空气湿度大，土壤微酸性及中性。百合生长于凉爽及具有一定郁闭度的林缘、灌丛、草地中，有 13 种分布在该地区。

3）中国东北部山区。包括辽宁、吉林、黑龙江，属于温带湿润半湿润气候，区域特点是昼夜温差大，冬季漫长而寒冷，夏季较短但凉爽，土壤微酸性及中性。百合生长于林缘、草甸、林间、岩石缝隙，具有一定坡度的山区、半山区，有 12 种分布于该地区。

4）中国华北山区和西北黄土高原。包括秦岭、淮河以北的广大地区，属暖温带、温带半湿润、半干旱气候型。区域特点是夏季炎热，冬季寒冷干燥，光照充足，土壤弱碱性。该区域百合品种较少，山丹、渥丹、有斑百合是主要品种。

5）中国华中、华南浅山丘陵地区。包括东南沿海各地，属亚热带气候，具有典型季风气候特点，区域特点是夏季炎热多雨，冬季冷且干燥，光照适中，土壤弱酸性。该区域百合耐高温，野百合、湖北百合、南川百合、淡黄花百合、台湾百合是该地区主要品种。

通过区域划分看出，我国百合品种以西南地区最多，其次是中部及东北部。广阔的分布区域丰富了物种多样性，特别是在分布区内产生较多的变种、变型，为遗传育种提供了众多的亲本。

1.2.2 长白山区自然资源概况

1.2.2.1 长白山区简介

长白山位于吉林省东部中朝边境，古时称不咸山，地理位置东经 127°15′～129°00′，北纬 41°15′～42°35′。火山锥体（海拔 1700m 以上）位于东经 127°55′～128°74′，北纬 41°55′～42°05′。广义的长白山指长白山脉，是中国东北东部和朝鲜北部山地、高原的总称，具有山系或亚山系的性质，北至松花江和三江平原南缘，西至中长铁路，冬至乌苏里江、兴凯湖、双城子、绥芬河口及朝鲜北部沿海，南至中国辽东半岛南岛南段和朝鲜的平壤、元心一带。山系主体呈东北—西南走向，主要由东北—西南方向的数条平行山脉组成，还有一些西北、东西等走向的山脉。以长白山脉为中心，组成一个庞大的山地系统。南北长约 1300km，东西宽约 400km，总面积约 50 万 km²，其中中国境内约 30 万 km²。狭义的长白山是一座巨型复式火山，由新第三纪以来地壳间歇性抬升和火山的多次喷发物堆积形成。南北长约 310km，东西宽约 200km，总面积约 7 万 km²。海拔梯度变化明显，形成了丰富的地理环境及地被植物情况，"一山有四季，十里不同天"是对长白山的高度概括。

长白山区气候湿润，雨水充沛，河谷众多，流水地貌。充沛的雨水及地下水系使长白山形成丰富的植物物种分布群落。由于海拔梯度变化明显，呈现典型的地域特色，长白山垂直海拔高度约2000m，气候变化明显，全区总体属于大陆季风性气候，区域特点是冬季漫长而寒冷，夏季短而凉爽，海拔1200~1400m以上无夏季，春秋季节较长，季节性降水特征明显，6~8月降水量占全年60%以上，风向随季节变化，夏季东南风，冬季多偏西风，主山锥体常年刮偏西风。

长白山是目前全球为数不多保存比较完整的自然生态系统之一，拥有丰富的生态系统种类，森林、湿地、高山苔原、草甸等生态系统具有特殊的地域性和唯一性。依海拔分类：海拔1100m以下为针阔混交林带；海拔1100~1800m为暗针叶林带；海拔1800~2100m为岳桦林带；海拔2100m以上为高山苔原带。该生态系统维系着东北区域的生态环境与生态平衡及生物资源多样性。

1896年前后，长白山有林地450万ha以上，基本是原始森林，林木蓄积量超10亿m^3。1944年森林面积减少到300万ha，森林蓄积量减少到6.1亿m^3。1949~1985年国家建设需要大量木材，成立数量众多的林业局对长白山区进行商业采伐，原始森林蓄积量减少到7000万m^3。进入21世纪，随着科技发展、大量木材替代品的出现及国家对环境保护的高度重视，林业局的工作由森林采伐为主转为以封山育林为主，全面停止对长白山森林的商业性采伐。

长白山保护区建于1960年，是我国建立较早的自然保护区之一。主要保护对象为温带森林生态系、自然历史遗迹和珍稀动植物。1980年加入了联合国教科文组织"人与生物圈"（MAB）计划，成为世界生物圈保留地之一。1986年经国务院批准成为国家级自然保护区。1992年被世界自然基金会（WWF）列为世界A级自然保护区。2001年被国家旅游局评为4A级旅游区。2003年被评为"中华十大名山"之一。2007年被国家旅游局评为国家5A级旅游景区。

1.2.2.2　气候

长白山区属于具有季风影响的温带大陆性山地气候，具有明显的垂直气候变化带，由太阳辐射、地理环境及大气环流相互作用形成了垂直分布的特征。长白山是欧亚大陆东岸的最高山系，地势高、地形复杂，等温线大多呈南北走向，与山脉走向近乎于平行，气温随海拔高度升高降低明显，从山下至山上在不同的高度上存在不同的气候类型，形成明显的垂直气候带，可划分为中温带、寒温带和高山亚寒带3个气候带，在3个气候带中又划分出针阔混交林带、暗针叶林带、岳桦林带、高山苔原带4个不同类型的垂直气候区。总的特点是：冬季漫长寒冷，夏季短暂温凉，春季风大干燥，秋季多雾凉爽。年均气温在3~7℃，7月份最热，平均不超过10℃，最低气温曾出现过零下44℃。年日照时数不足2300h。

无霜期 100d 左右，山顶只有 60d 左右。积雪深度一般在 50cm，个别地方可达 70cm。年降水量在 700～1400mm，6～9 月份降水占全年降水量的 60%～70%。

云雾多、风力大、气压低，是长白山主峰气候的主要特点。尤其是夏季，风云莫测、变化多端，一会儿风和日丽，一会儿雷雨交加，素有"风无一日停，天无一日晴""一日观四季，十里不同天"的说法。年 8 级以上大风日数 269d，年平均风速为 11.7m/s，年雾凇日数 165d，山顶雾日 265d，年均日照数只有 100d 左右。

1.2.2.3 土壤

由于地质地貌、成土母质、植被和气候等自然因素的差异，形成了长白山明显的土壤垂直分布带谱，自下而上依次为山地暗棕色森林土带、山地棕色针叶林土带、亚高山疏林草甸土带和高山苔原土带。

1）山地暗棕色森林土带。分布在海拔 1100m 以下的熔岩台地上，主要由火山碎屑和玄武岩风化而形成，土壤质地较粗，结构疏松，排水良好，土层中厚。地上植被以红松阔叶林为主。

2）山地棕色针叶林土带。分布在海拔 1100～1800m 的坡地高原上，母质以火山喷出岩为主，上部覆盖有火山灰。一般土层较薄，多在 20～30cm。植被以云、冷杉为主，混生有岳桦及长白落叶松。草本植物覆盖度为 40% 左右。

3）亚高山疏林草甸土带。分布在海拔 1800～2100m 的火山锥体的下部，地貌为火山锥体。土层很薄。植被以岳桦矮曲林为主，伴生少量耐寒的长白落叶松，低洼及沟谷处有赤杨分布。

4）高山苔原土带。分布在海拔 2100m 以上的火山锥体周围。土壤母质主要是火山碎屑和碱性粗面岩等。土层很薄，剖面层次不明显。植被只有矮小的灌木、草本和地衣、苔藓等，植物生长期短，有机质分解特别缓慢，大量积累形成泥炭质。

除上述有规律的地带性土壤外，还有局部低洼地区分布的沼泽土和草甸土等。

1.2.2.4 水文

长白山区内河流稠密，温泉星罗棋布。长白山是图们江、松花江、鸭绿江三大水系的发源地，松花江有包括嫩江在内的众多支流，鸭绿江右岸有 23 道较大河流，长度均在 20km 以上。多条大小河流从天池脚下呈放射状流出，河流流向多与两侧山岭的延伸方向一致，深切河谷，水流湍急，河道坡降较大，河床多卵石或砾石。茂密的森林植被使河水含沙量极少，水质清澈。春季河水主要靠冰水融化供给，冬季降雪的多少决定了春汛水量的大小。夏季降雨较多，故夏汛大于春汛，并以 7、8 月水量最大，为主要汛期。地下水类型以构造裂隙水为主，地形破碎，基岩裸露，地下水排泄条件好。但长白山主峰下面的平原多为深厚的黄土层，土质紧实，渗水条件差，割断了地下水向平原补给的通道，使地下水通过众多泉眼排入河流或以地表径流的方式漫向下游。

1.2.2.5 植被

长白山区植物属于长白山植物区系，植物资源十分丰富。植被由阔叶林、红松阔叶林、针叶林、岳桦林、草甸、高山苔原等组成，并从下到上依次形成 4 个植被分布带，具有明显的垂直分布规律。

1）寒温带针阔混交林带。位于海拔 720～1100m 的玄武岩台地上。本植物带地势平缓，气候温湿，植物种类繁多，结构复杂，层次不甚清晰。乔、灌、藤、草、蕨等在这一植物带中种类丰富。土壤多为典型暗棕壤土，植被以阔叶、红松为主，在水湿地上生长着成片的长白落叶松林，局部地块生长着小片长白松（美人松）。

2）亚寒带针叶林带。位于海拔 1100～1700m 的倾斜玄武岩高原上。植被主要有两种类型：一种是红松与云、冷杉林；另一种是云、冷杉林。该植物带气候冷湿，植物层次清晰、整齐高大。土壤为针叶林土，土层较薄。主要乔木有红松、云杉、臭松、落叶松等，除针叶树之外，伴生有椴树、花楸等阔叶树。林下灌木、草本植物生长细弱，苔藓较多，被称为苔藓世界。

3）亚寒带岳桦林带。位于海拔 1700～2000m 的火山锥体下部。坡度陡，气温低，降水多，湿度大，风力强，树木矮小弯曲。土壤为疏林草甸土、土层很薄，但腐殖质较多，土壤肥力略高。植被以岳桦林为主，并有少量耐寒的长白落叶松、云杉、冷杉、东北赤杨、花楸等。灌木主要有牛皮杜鹃、笃斯越桔等。

4）北极圈高山苔原带。位于海拔 2000m 以上的长白山火山锥体中、上部。本带气候严酷，土层瘠薄，湿度很大，土壤为山地苔原土。植物种类稀少，高大乔灌木已绝迹，只有生长期短、开花集中、适应强冷风吹袭和高山日照的矮小匍匐灌木及地衣、苔藓等，形成了广阔的地毯式苔原。植物有毛毡杜鹃、笃斯越桔、高山罂粟、松毛翠等。

1.2.2.6 林木资源

长白山区林木资源集中于长白山自然保护区，由于周边林业局多年森林采伐，保护区外的森林多呈绿岛状，长白山自然保护区一直未进行森林采伐，森林呈原始状态，保护区内林木资源现状如下：活立木总蓄积 4879.2 万 m^3，其中有林地蓄积 4814.3 万 m^3，疏林地蓄积 35.2 万 m^3，散生木蓄积 29.7 万 m^3。有林地平均每公顷蓄积为 245m^3。有林地中，成熟林比重最大，其面积、蓄积分别为 94 295ha 和 2919.7 万 m^3，比重分别为 55.8% 和 60.6%；其次是近熟林，面积、蓄积分别为 27776ha 和 691.2 万 m^3，比重分别为 16.4% 和 14.4%；其他龄组的面积和蓄积比重分别为幼龄林 2.3% 和 0.8%，中龄林 14.5% 和 11.2%，过熟林 10.9% 和 13%。

长白山自然保护区有林地绝大部分是天然林。天然林面积为 167 057.5ha，蓄积为 4808.6m³；人工林面积 1837.5ha，蓄积为 5.7 万 m³。天然林主要的优势树种（组）是混交林、针叶林、云杉林、阔叶林和落叶松林；人工林则只有落叶松和果树。

1.2.2.7 野生动物资源

长白山区内野生动物种类繁多，资源丰富。目前已知有野生动物 1586 种 10 亚种，分属于 52 目 260 科 1116 属。脊椎动物 32 目 88 科 201 属 331 种 10 亚种，占吉林省脊椎动物种数的 62.6%，其中，鱼类 5 目 10 科 22 种，占吉林省鱼类种数的 26.5%；两栖类 2 目 5 科 6 属 9 种，占吉林省两栖类种数的 69.2%；爬行类 1 目 3 科 12 种，占吉林省爬行类种数的 75%；鸟类 18 目 50 科 122 属 230 种 10 亚种，占吉林省鸟类种数的 70.6%；兽类 6 目 20 科 42 属 56 种，占吉林省兽类种数的 70%。此外，还有昆虫 20 目 172 科 1255 种。

属国家重点保护的野生动物有 49 种，占全国重点保护动物总数的 12.8%。其中，国家Ⅰ级保护动物有紫貂、东北虎、豹、梅花鹿、原麝、黑鹳、中华秋沙鸭、金雕、中华蛩蠊 9 种；国家Ⅱ级保护动物有棕熊、黑熊、猞猁、豺、青鼬、水獭、马鹿、苍鹰、黑琴鸡、花尾榛鸡、短耳鸮、红隼、秃鹫、蓑羽鹤等 40 种。长白山区内的动物资源十分珍贵，尤以鸟类及毛皮兽在吉林省乃至全国占有重要地位。

1.2.2.8 野生植物资源

由于特殊的地理位置和自然环境，长白山有多种植物区系成分，包括长白山植物区系、南鄂霍次克植物区系和极地植物区系，此外还有华北区系、蒙古区系及亚热带植物区系的植物种，几乎分布从温带到北极的全部典型植被类型及相应的植物区系成分，是欧亚大陆同纬度地区原始状态保存最好、生物物种最丰富的地段，是不可多得的生物遗传基因库。区内植物种类十分丰富，目前已知有野生植物（包括地衣、苔藓、蕨类、裸子植物、被子植物）1619 种 4 亚种 197 变种 45 变型，分属于 74 目 186 科 665 属（表 1-2）。在维管束植物（蕨类、裸子植物、被子植物）中，东北地区共有 164 科 928 属 3103 种，而长白山就占东北地区维管束植物种类的 40.9%。

表 1-2 长白山自然保护区植物物种数量统计表（引自陈霞等，2010）

门	纲	目	科	属	种	亚种	变种	变型
苔藓植物门	苔纲	3	25	42	83	0	3	0
	藓纲	12	37	119	257	3	18	5

续表

门	纲	目	科	属	种	亚种	变种	变型
蕨类植物门	—	8	23	43	78	0	12	1
裸子植物门	球果植物纲	2	3	7	11	0	2	0
被子植物门	双子叶植物纲	40	80	343	890	1	140	33
	单子叶植物纲	9	18	111	300	0	22	6
总计		74	186	665	1619	4	197	45

长白山区野生植物中，国家珍稀濒危植物有 23 种。其中，国家Ⅰ级保护植物有人参、东北红豆杉和长白松 3 种；国家Ⅱ级保护植物有岩高兰、山楂海棠、对开蕨等 20 种。

1）材用植物。主要有红松、云杉、臭松、落叶松、水曲柳、胡桃楸、黄菠萝、椴树、槭树、蒙古树、白桦、枫桦、榆树、赤杨等。

2）药用植物。主要有人参、党参、东北刺人参、黄芪、贝母、木通、细辛、天麻、瑞香、五味子、红景天、云芝、松杉灵芝、草苁蓉等。

3）食用植物。主要有山果类、野菜类、真菌类等，主要有山楂、山荆子、蓝靛果、花盖梨、山葡萄、越桔、猕猴桃、红松籽、榛子、分株紫萁、蕨菜、龙芽楤木、大叶芹、木耳、榛蘑、亚侧耳（冻蘑）、猴头蘑、金顶侧耳（榆黄蘑）等。野果既可以鲜食，又可以酿酒、制作罐头和饮料，这些植物不仅味道鲜美，营养价值高，而且还具有一定的观赏价值。

4）观赏植物。主要有偃松、玫瑰、花楸、八角枫、金露梅、长白松、接骨木、朝鲜崖柏、杜松、暴马丁香、梨树、东北山梅花、杜鹃花属、百合属等，这些植物都深受学者和旅游观光者的重视和青睐。

5）蜜源植物。主要有紫椴、糠椴和胡桃楸等，松科的花粉也是一大特色，是发展养蜂业的重要基地之一。

6）香料植物。主要有野玫瑰、长白蔷薇、长白瑞香、藿香、月见草、蚊子草、朝鲜崖柏等，它们是食品、日用化工的重要原料。

1.2.2.9 长白山区野生百合概况

长白山区野生百合品种有毛百合（*L. dauricum*）、渥丹（*L. concolor*）、有斑百合（*L. concolor* var. *pulchellum*）、渥金（*L. concolor* var. *coridion*）、大花百合（*L. concolor* var. *megalanthum*）、卷丹（*L. lancifolium*）、朝鲜百合（*L. amabile*）、大花卷丹（*L. leichtlinii* var. *maximowiczii*）、山丹（*L. pumilum*）、垂花百合

（*L. cernuum*）、东北百合（*L. distichum*）等 11 种。分布于海拔 300～2200m 地区，以 500～1000m 分布量最多。其中，毛百合分布于海拔 300～1700m 的山坡、草地、林缘、灌丛；有斑百合分布于海拔 600～2200m 的山坡、草甸、沟谷、林缘等地；大花百合分布于海拔 400～900m 的湿地、草甸；卷丹分布于海拔 300～800m 的山坡、林缘、田间地头、草地内；朝鲜百合分布于海拔 100～800m 的山坡、灌丛间及柞林内；大花卷丹分布于海拔 300～1000m 的草甸、林缘、沟谷中；山丹分布于海拔 300～1000m 的山峰中部及上部山坡、林缘、草丛、石砾地；垂花百合分布于海拔 300～100m 的山坡、灌丛、草丛；东北百合散生于海拔 300～1500m 的山坡、林下、林缘、草丛。渥丹和渥金野生资源极为稀少，在资料介绍的区域内没有觅到踪迹。

　　野生状态下毛百合呈群落状松散分布，原生地的土质、伴生植物对观赏效果及更新影响较大，生长环境土层为森林腐殖土、伴生植物稀疏时，毛百合生长高大挺拔，花朵硕大，大、中、小植株更新结构合理；土层含砂石较多、伴生植物灌木较多时，毛百合长势羸弱、种群更新慢。野外调查显示毛百合群聚度为常见种（F）。有斑百合呈小群落散生分布，多数分布区仅几株至几十株，偶见大群落，多生于山腰及海拔较高的缓平坡地带，伴生植物密集，以灌木、草本为主，野外调查显示群聚度为偶见种（O）。大花百合生长地域主要是湿地、草甸等，随着农田开垦、修路、开矿、放牧等行为，现有湿地、草甸被破坏，导致生长区域大面积萎缩，野外已经很难寻找到大花百合。历史上调查曾经有生长记录的地点90% 现已无大花百合种源。由于大花百合野生分布于湿地、草甸，单株生长，特别是生长于草甸内的大花百合，一个草甸只生长一株，一个区域内的大花百合种群数量多数不超过百株。外业调查显示大花百合群聚度为稀有种（VR），根据中国物种红色名录划分标准，可列为濒危（EN）物种。卷丹在长白山区野外分布较少，是中国传统的栽培品种，民间田间地头、庭院广泛栽培，外业调查显示群聚度为偶见种（O，野外），常见种（F，庭院、耕地边缘）。朝鲜百合生长地种源稀少，在生长地域非优势种源，外业调查显示群聚度为少见种（R）。大花卷丹野生于针、阔叶混交林林缘具有一定坡度的地域，呈群落状散生，生长地多湿润，杂草众多，非优势种群，野生状态下生长羸弱，株高极少超过 1m，人工引种驯化后植株挺拔高大，生长 3 年后高度多在 1～2m，外业调查显示群聚度为稀有种（VR）。山丹野生于阔叶杂木林内，生长地多在山腰及顶峰的石砾地、岩石缝隙，呈群落状散生分布，种群数量少，外业调查显示群聚度为稀有种（VR）。垂花百合多分布于针、阔混交林的山坡、草甸及灌丛，生长地有缓坡或草地长势较好，多呈群落状散生，外业调查显示群聚度为偶见种（O），已列入《国家重点保护野生植物名录（第二批）》（讨论稿）名单。东北百合生长于林缘，与草本灌木伴生长势较好，野生种群散生，生长于沟谷、河渠边缘地段，失去伴生植物时长势羸弱，花期易得叶枯病导致叶片脱落，但是不影响开花及第二年继续生长，对种群更新及观赏效果影响较大，外业调查显示东北百合群聚度为常见种（F）。综上所述，长白山区百合野生状态下多数呈群落状散生分布，种群更新缓慢，长势参差不齐，种群在生物群落中重要值高，野生观赏价值参差不齐，多数品种处于易危（VU）现状，大花百合处于濒危（EN）现状。

长白山区百合种群危机的原因如下：①森林面积锐减；②湿地开垦；③随意采挖；④铁路、公路建设；⑤矿山采挖及周边环境污染；⑥放牧及野生动物啃食鳞茎；⑦人工造林（包括外来树种、物种引入）。

长白山区野生百合种质资源如果不采取保护性措施，种群规模及数量将会快速减少。保护措施主要有以下几点：①开展百合种质资源监控，对有百合资源的区域，制止随意开垦、放牧、乱挖；②建立野生种源（群）保留地，通过人工引种驯化扩繁种源，开展回归补植、扩大种群数量，逐步提高野生种群优势及比例；③修建公路、铁路及开矿前先进行环保论证，对列入国家保护的动植物或者破坏种群数量大的优势种，开工前应进行先调查后移栽，确保种源的保存；④开展科学研究，通过引种驯化，有性、无性繁殖，组织培养等手段，扩大种源存贮量，建立栽培保护地，为科学研究、经济开发、引种回归提供保障性种源。

1.3　生物学特征

百合为多年生宿根草本球茎植物，由地下部和地上部组成完整植株。地下部由鳞茎、子鳞茎、茎根、基生根组成，地上部由叶、茎、珠芽（有的品种无珠芽）、花序组成（图 1-1）。

1.3.1　生长与繁殖

百合繁殖分为有性繁殖和无性繁殖。种子繁殖（有性繁殖）以春播为主，商品用种球（无性繁殖）多在秋季栽培，温室大棚种植可周年栽培。引进野生百合种源时多随花期寻找到种源，种源引进后，多数地上部分干枯死亡，种球经半个夏季休眠后秋季渐生出基生根，依品种不同基生根长度 2～5cm。秋季萌发基生根后百合进入休眠期，冬季休眠可以促使百合在春季发芽整齐，促进节间伸长、有利于花芽分化、花蕾时间集中、花期统一，最大限度体现花卉特点及观赏效果，花后种球生长质量亦佳。春季百合打破休眠后，茎轴上小鳞茎开始发育，形成内部鳞茎及发育新鳞片，同时鳞茎出土，上叶片展开，此时土层内上盘根开

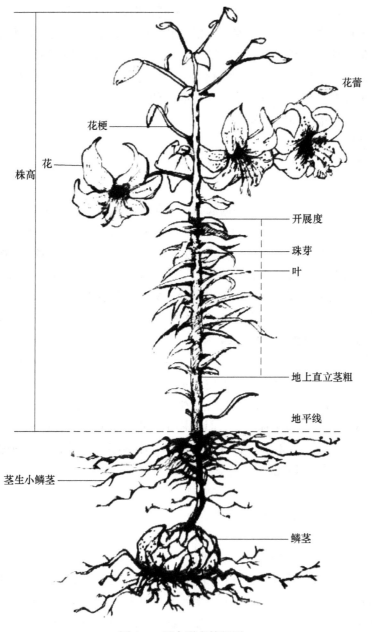

图1-1 百合形态特征图

始生长，夏季经过叶片的光合作用将营养贮藏至鳞片中，鳞茎通过上盘根与下盘根吸取土壤中的养分与水分，在鳞茎生长的同时供应植株孕蕾开花。花后逐渐减少水分吸收，种子形成时新鳞茎形成，此时需要水分较少，渐生长出下盘根。

百合虽然品种众多，形态特征各不相同，但是生长特征在周期内具有规律性。百合为秋植鳞茎植物，秋凉后生根，新芽翌年春季萌发，鳞茎以休眠状态在土壤中越冬，秋植→春芽→开花→结籽为一个生长周期。从播种至收获3年为一个大周期，用百合茎生小鳞茎种植则生长2年为一个周期。百合从春季发芽至现蕾为营养生长期，从现蕾至花谢为终花期，种子形成至成熟进入枯萎期，此阶段鳞茎开始形成，也为高温休眠期。

1.3.2　根系

百合鳞茎是主要繁殖器官，鳞茎的上、下部分别生长根系，分为基生根和茎生根。

1) 基生根（下盘根）。又称肉质根、基根，以鳞茎下盘为中心，在土壤中呈辐射状分布，三分之二的根分布于深15～25cm的翻耕土层内，三分之一扎入土壤25cm深以下。根龄多数为3年，一年生根表皮光滑、外皮白色细嫩，无分权及侧根，具有吸收水分、养分的功能；二年生根表皮色较暗淡，形成环状皱纹，根粗壮，形成侧根并分权，具有吸收水分、养分、储存光合产物的功能；三年生根表皮暗褐色，根系萎缩易断，细胞老化，逐渐失去吸收水分、养分功能，无合成光合产物功能，逐渐死亡脱离鳞茎。

2) 茎生根（上盘根）。又称纤维根、罩根，多生长于鳞茎上部5～10cm处茎秆基部。位于入土部位或底叶腋处生出不定根。上盘根发育迟缓，种球在地上茎生长15d左右、苗高10cm以上时开始生长。根纤细，从几十条至多达150条，长7～15cm不等，分布于地表层，具有固定植株，吸收水分、养分等功能。有的百合品种在茎生根茎部形成小籽球，称为茎生小鳞茎，是可利用的种源。上盘根每年秋季与茎秆同时枯死。

1.3.3　茎

茎分为鳞茎和地上茎两部分。

（1）鳞茎

鳞茎是百合最主要的营养贮藏器官，也是无性繁殖的主要器官，由鳞茎盘、茎轴、生长点组成（图1-2）。鳞茎的大小在野生状态下受环境影响较大，人工驯化栽培后的鳞茎变大，质量好于野生状态。以毛百合为例，同样3年生的鳞茎，野生鳞茎重量在5～50g，人工驯化栽培后的鳞茎多在50g以上，大者可达300g。鳞茎细分为母鳞茎与子鳞茎两类。

1) 母鳞茎。百合地下鳞茎的总称，鳞片数量由品种决定。长白山区卷丹鳞茎直径大，鳞片数量可以满足种源需求。毛百合鳞片在人工栽培时鳞茎较大，虽然鳞片较小但数量较多，是长白山区百合最多的无性繁殖种源。

2) 子鳞茎。由百合鳞茎底盘分化形成的新鳞茎个体，子鳞茎由鳞片于鳞茎

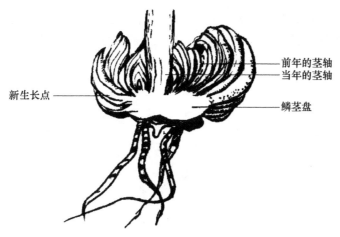

图1-2 百合鳞茎剖面图

盘周边分化形成。子鳞茎在3年鳞茎上生成，称为鳞茎生小鳞茎。子鳞茎可以形成种源。

（2）地上茎

地上茎分为伸长茎和变态茎两类。

1）伸长茎。由母鳞茎短缩茎的顶芽伸长、萌发于土壤外形成主干，无分枝，从萌芽至种子形成完成全年物候周期。

2）变态茎。变态茎是植物中茎的一种分类，形态特征变化较大，属于营养器官的一种。变态茎分为两种：一种是地上部分，着生于叶腋间的圆珠形球芽（也称珠芽、百合籽），球芽在百合花期开始生长，秋季形成后自然脱落，入土后当年即生根，是种源扩繁的主要方法之一，卷丹及部分栽培品种具有叶生球芽特征；另一种是地下部分，由主鳞茎抽生出地下茎，或主鳞茎在地下生长时呈匍匐状生长，地下茎常无序生长子鳞茎，长白山区大花百合及大花卷丹为代表性品种。

1.3.4 叶

百合叶多数为单叶互生，叶序略呈螺旋状排列，也有轮生叶，东北百合为典型代表。百合叶片数量由于品种的不同差异较大，从几片至上百片不等。百合叶型多呈披针形、矩圆状针形、矩圆状倒披针形、椭圆形或条形，无柄或具短柄、全缘或边缘有小乳头状突起。少数品种叶片亮而大，呈心形，叶片宽大者可达30cm，并具有长叶柄。

1.3.5 花

百合花单生或呈总状花序排列，外层由6花被片组成，披针形或匙形，2轮，离生，基部有蜜腺；雄蕊 6 枚，花丝细长；花药呈"丁"形；雌蕊位于花中央，具有圆珠形绿色子房，花柱较细，柱头膨大，通常分泌黏液（图 1-3）。

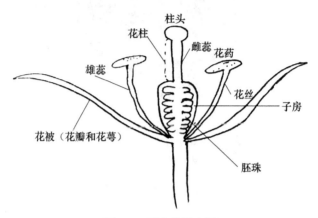

图 1-3　百合花器官图

百合基本花形有喇叭形、倒杯形、碗形、星形、下垂反卷形 5 种。根据花朵生长方式分为直立型、外向型、半下垂型和下垂型 4 种。百合花色有红、黄、紫、白、粉 5 种主色，花色丰富，细分有粉红、紫红、橙红、橙黄、金黄、紫色、淡绿、杂色等。

1.3.6　种子

百合蒴果多为椭圆形，种子多数偏头、有翅、轻而薄，3 裂 3 室。种子大小因品种不同而异，千粒重从几克至几十克不等，部分品种花后不结实。

农田栽培的百合，依品种不同从萌芽至种子成熟共计 110d 以上即开始陆续采收种子，采收的标准是蒴果外皮干枯裂口，种子棕色。种子采收后存放于牛皮纸袋内至 11 月，由于大多数百合种子具有后熟特性，此阶段即满足后熟条件。采收的种子如果需要翌年出苗，后熟后可当年秋季播种或次年春播。春播种子贮藏于纸袋中在干燥条件下保存，室外自然越冬，较多品种通过种子沙藏处理可以促使种子出苗整齐及提高出苗率。百合种子如果长期贮藏，温度与湿度是关键。理论上种子在 -25℃ 条件下可贮藏 10 年以上，通常情况下将种子干燥后放入密封容器内贮藏于冰柜内，可保持种胚 3 年活力。

生产上多采用鳞片扦插、小鳞茎播种、珠芽种植等方法进行繁殖，繁殖量基本可以满足商品用球。种子繁殖生产周期较无性繁殖长 1～2 年，且有变异现象。变异现象是科研部门在杂交育种、索取基因突变种时通过有性繁殖获取新种源的重要手段之一。

第 **2** 章　东北地区野生百合的引种驯化与资源保护

　　生物多样性（biodiversity）是生物与环境形成的生态复合体及与此相关的各种生态过程的总和，包括所有生物及基因，它们与生态环境形成复杂的生态系统，包含物种多样性、遗传多样性、生态系统多样性和景观多样性。我国是生物多样性最丰富的国家之一，由于人口众多，社会经济发展地区间差异较大，生物资源开发与保护尚有不足，面临的问题较多，如何处理好生物多样性保护与社会经济发展之间的关系是我国生物多样性保护的核心问题。生物多样性资源具有双重属性——既是公共物品又是经济资源，国家通过制定相关政策规范社会有序使用自然资源，从而实现保护的目的，达到科学、长久地开发利用。我国从20 世纪 70 年代至今已初步构建起生物多样性保护政策体系，在保护生物多样性方面发挥了重要作用。随着社会经济发展，生物多样性保护中不断出现新问题，因此，对生物多样性的保护是随着社会经济发展而不断探索、科学调整的长远工作。

　　多年来，人类对资源的过度利用及毁灭性开发导致了一系列全球性的生态、资源和生物危机，对森林的过度采伐导致环境恶化。东北地区百合品种目前正面临困境：渥金在自然界已很难发现；山丹由于森林采伐、开矿等导致种源锐减，"山丹丹开花红艳艳"的景色已经很难寻觅踪影；垂花百合生长于坡间、草地，野外分布地由于修建公路、铁路及过度采挖，导致生态变化，野生种源萎缩严重；大花百合生长地域特殊，与湿地伴生，多单株生长于湿地、草甸，种源稀少，我们在野外调查二十年前记录的生长地，由于开垦水田、放牧及湿地旱化等因素，造成"人进种退"的现状，已经难觅种源。由于野生百合分布具有地域特征明显及种群分布数量少的特点，与森林、草地伴生，随着生存环境的萎缩种群随之减少。加强东北地区百合的资源保护及引种驯化、种源扩繁、促进回归，是保证野生百合资源合理开发、永续利用的有效方法。

2.1 东北地区森林植被及资源现状

2014 年我国进行第八次全国森林资源清查，结果显示：全国森林面积为 2.08 亿 ha，森林覆盖率为 21.63%，森林蓄积为 151.37 亿 m³；人工林面积为 0.69 亿 ha，蓄积 24.83 亿 m³。

东北地区森林资源面积为 0.58 亿 ha，占全国森林总面积的 28.1%，有林地面积为 0.334 亿 ha，是全国最大的林区。森林资源主要分布于黑龙江省大部分、吉林省东部、辽宁省北部和内蒙古自治区境内的大兴安岭林区。山势总体平缓，以黑龙江、松花江、鸭绿江和图们江的上游为主要集中区域，具有强大的涵养水源功能和丰富的生物多样性。近 40 年来，森林采伐、过度放牧、开矿、工业发展带来的废液、废气、废料导致了环境污染，极大破坏了生态平衡。通过航拍，可以看到森林被分割，呈片状绿色孤岛。野生物种分布范围及种群数量日益缩小，野生动植物失去天然的栖息地，种群趋于衰退。

进入 21 世纪，国家加强对东北林区的资源保护，建立了众多自然保护区。据统计，东北三省有 49 个国家级自然保护区，保护对象包括森林资源、湿地、水源、地质地矿、野生动植物等（表 2-1），这些保护区为野生动植物提供了较好的生存空间。特别是 2010 年以来，东北林区全面停止商业森林采伐，以前的林业局工人从伐木工转变为造林工、护林工，对森林植被的恢复起到了积极促进作用。

表 2-1　东北三省国家级自然保护区

省份	编号	名称	保护对象
辽宁省	1	大连斑海豹国家级自然保护区	斑海豹及其生态环境
	2	成山头海滨地貌国家级自然保护区	地质遗迹和珍稀鸟类
	3	蛇岛—老铁山国家级自然保护区	蛇岛蝮蛇和候鸟及其生态环境
	4	仙人洞国家级自然保护区	赤松林、栎林及自然景观
	5	白石砬子国家级自然保护区	原生型红松阔叶混交林
	6	桓仁老秃顶子国家级自然保护区	红松—阔叶混交林的群落生态系统
	7	丹东鸭绿江口滨海湿地国家级自然保护区	湿地生态系统
	8	医巫闾山国家级自然保护区	森林生态系统
	9	双台河口国家级自然保护区	珍稀水禽和海岸河口湾湿地生态系统

续表

省份	编号	名称	保护对象
辽宁省	10	北票鸟化石国家级自然保护区	中华龙鸟、原始祖鸟、孔子鸟等珍稀古生物化石
	11	努鲁儿虎山国家级自然保护区	森林生态系统及野生动植物
	12	海棠山国家级自然保护区	油松栎类混交的顶极群落
	13	凤凰山国家级自然保护区	森林生态系统
吉林省	1	伊通山火山群国家级自然保护区	火山遗迹
	2	龙湾国家级自然保护区	湿地生态系统等
	3	鸭绿江上游国家级自然保护区	冷水鱼类
	4	莫莫格国家级自然保护区	丹顶鹤等珍禽及湿地生态系统
	5	向海国家级自然保护区	内陆湿地和水域生态系统
	6	天佛指山国家级自然保护区	自然生态系统及野生生物
	7	长白山国家级自然保护区	森林生态系统及野生动植物
	8	大布苏国家级自然保护区	地质遗迹、古生物遗迹、湿地生态系统及珍稀鸟类
	9	珲春东北虎国家级自然保护区	野生动物
	10	查干湖国家级自然保护区	湿地生态系统和野生珍稀鸟类
	11	雁鸣湖国家级自然保护区	濒危水禽及东北虎
	12	松花江三湖国家级自然保护区	森林生态系统、水域生态系统，及其生物多样性
	13	哈尼国家级自然保护区	以沼泽为主的湿地生态系统和哈尼河上游水源涵养区
黑龙江省	1	扎龙国家级自然保护区	丹顶鹤等珍禽及湿地生态系统
	2	兴凯湖国家级自然保护区	丹顶鹤等珍禽及湿地生态系统
	3	宝清七星河国家级自然保护区	低湿高寒湿地生态系统
	4	饶河东北黑蜂国家级自然保护区	东北黑蜂及蜜源植物
	5	丰林国家级自然保护区	森林生态系统及野生动植物
	6	凉水国家级自然保护区	红松针阔叶混交林生态系统
	7	三江国家级自然保护区	内陆湿地和水域生态系统
	8	洪河国家级自然保护区	湿地生态系统
	9	八岔岛国家级自然保护区	森林生态系统及野生动植物
	10	挠力河国家级自然保护区	湿地和水域生态系统
	11	牡丹峰国家级自然保护区	森林生态系统及野生动植物

续表

省份	编号	名称	保护对象
黑龙江省	12	五大连池国家级自然保护区	火山遗迹
	13	呼中国家级自然保护区	森林生态系统及野生动植物
	14	南瓮河国家级自然保护区	森林生态系统及野生动植物
	15	凤凰山国家级自然保护区	森林生态系统
	16	乌伊岭国家级自然保护区	森林湿地生态系统及生物多样性
	17	胜山国家级自然保护区	森林生态系统及野生动植物
	18	双河国家级自然保护区	森林生态系统及野生动植物
	19	红星湿地国家级自然保护区	森林湿地生态系统
	20	珍宝岛国家级自然保护区	湿地及野生动植物
	21	穆棱东北红豆杉国家级自然保护区	东北红豆杉
	22	东方红湿地国家级自然保护区	天然湿地生态系统和重点保护动物
	23	大沾河湿地国家级自然保护区	森林生态系统、湿地生态系统

2.2 野生百合资源可持续利用研究

百合鲜切花具有重要的经济价值，吸引了众多研究人员将百合鲜切花作为主要研究方向，弱化了对百合野生种质资源的保护、收集和研究。如果没有丰富的野生资源，我国百合研究将难以赶超国际水平，百合的品种研发及可持续发展将成为空谈。

2.2.1 建立百合资源监控体系

长白山区百合包括了东北地区大部分的百合品种，通过对长白山区野生百合的调查，可以反映出东北地区野生百合生存现状。最近一次针对长白山区野生资源的调查在 2006 ~ 2007 年，由长白山科学研究院牵头，对长白山区动植物资源进行系统调查，调查范围以长白山自然保护区为中心，统计的品种及数量能够如实反映出长白山区野生百合的贮藏数量。调查显示，朝鲜百合、山丹、大花百合、垂花百合、渥丹、渥金等野生资源由于环境的改变已经十分稀少，渥丹、渥金、大花百合野生个体很难找到。

在百合资源调查的同时建立野生资源长期监测机制，全面掌握野生百合资源的分布、贮藏量及动向，有利于资源的适时适量开发利用。对百合建立保护体系和可持续发展体系，为百合资源的科学管理、适度开发及可持续利用提供保障；在百合资源调查的基础上，建立百合资源监控体系，对资源贮藏量大的品种可以进行有计划的采挖，对种源稀少的品种严格控制乱采乱挖，对分布稀少的种源要制止开垦、放牧、开矿等破坏行为，数量极为稀少的种源个体，可考虑迁地保护。

2.2.2 百合资源的研究与利用

对百合种质资源进行考查、收集、鉴定、评价、保存及开发利用，涉及遗传学、生物学等方面的研究。同一品种百合来源于不同产地，含有不同的遗传特性，因此对百合品种相同而生长地域不同的种源收集及成分分析，是百合研究的重要工作也是基础工作。

百合通过杂交育种可以推陈出新，野生种源的存在具有不可替代的重要意义。在现阶段，百合野生种源逐步减少，建立种质保存地是保存种源的有效方法，且可以在种源扩繁的前提下进行有序回迁。应当注意，建立百合种质资源专类园将带来百合遗传多样性的改变，在不同地域、不同海拔条件下建立种质资源专类园进行仿生栽培，及经常性更换种植基地品种可以有效延缓种质衰退，最佳的办法是通过扩繁→回归→变更引进地点→扩繁→回归，在保持种源基因的前提下增加野外资源贮藏量。

2.2.3 野生百合引种驯化研究

引种就是将一种植物从现有的分布区域（野生植物）或栽培区域（栽培植物）人为迁移到其他地区种植的过程，也可以是从外地引入本地尚未栽培的新的植物种类、类型和品种。在这种人为迁移的过程中可能出现两种现象：①引入植物虽然跨地域大，海拔差较大，但植物自身适应能力强，迁入异地仍会正常生长，或比原种源地长势更好，这就是所谓的简单引种；②植物本身的适应区域十分狭窄，或引入地与原生地环境差别大，植物生长过程中出现生长缓慢、不育种结实、生长停滞甚至死亡现象，但经过科学管理或采用人工授粉、杂交、诱变、使用植物生长调节剂等改良植物生长轨迹的措施改变其遗传性，可使引进种源逐步适应引入地环境，正常生长，这就是引种驯化。引种驯化虽然可以起到保护种源、科学研究、开发利用的目的，但是有导致外来物种入侵的隐患。由于引入种源跨地域、海拔较大，植物原有的外部特征、成分含量会因环境的变化而改变，特别是药用植物，有可能导致关键成分含量减少或消失。

百合引种驯化在人工种植条件下可能改变性状，但是也能带来基因突变，在人工栽培条件下实现最大观赏价值。卷丹即是由我国劳动人民经过历代的人工驯化而成的主要药用、食用、观赏品种。垂花百合、有斑百合、大花百合、大花卷丹等通过人工栽培进行种源复壮，在保证种源、品种复壮的条件下，杂交培育新品种的概率大大增加。

百合的人工驯化可以更好地实现商品化开发，我国百合种植有 4 大传统产地，分别是湖南邵阳、江苏宜兴、浙江湖州、甘肃兰州，进入 21 世纪，全国百合种植基地形成 5 大产区，其中兰州以 10 万亩[①]种植面积居第一位，其次为湖南龙山（6 万亩）、河南洛阳（2.5 万亩）、湖南邵阳（1 万亩）、江西万载（0.5 万亩）。其他各省也都根据自身特点种植百合，引领群众致富，如云南、辽宁以鲜切花为主，上海、北京以育种研究及收集种源为主。随着生活水平的提高，人们对百合的药用、食用和观赏需求大增，百合产业将产生巨大的经济效益。因此，通过人工驯化开展新品种研究是推动百合产业发展的途径之一。

人工驯化栽培切忌急功近利，20 世纪 90 年代，商贩高价收购垂花百合，林区群众纷纷进山采挖，导致野生种源锐减，群众看到垂花百合如此值钱，于是在家中开展种植，由于不懂栽培技术、缺少驯化知识，最终导致百合全部死亡，这种既破坏种源又不能形成产品的行为类似杀鸡取卵。人工驯化必须由专业的研究人员开展工作，同时要有成熟的技术、充足的种源并经过漫长的过程才能推向市场。

2.2.4　建立百合种质资源库和种子资源圃的意义

种质资源一旦消失将不可再生。具有不同遗传性的百合种质资源是育种的基础种源，百合种质资源越丰富，培育出优良新品种的概率越高。目前，培育百合优质良种，实现开发新品种所必需的遗传性种质资源收集、整理和研究工作还远不能满足百合育种的需求。从人类对自然研究的历史看，百合的种质资源研究永远不会走到尽头；从自然因素讲，自然界物种消失与新种出现是永恒的；从科技发展看，在一定条件下某些领域看似已经研究到头，但随着更新、更精细试验仪器的产生及人类研究思维的扩展，将会对原有的结论进行重新思考和更深入的研究。

生物多样性下降和遗传资源的狭窄，将促进人工引种驯化及栽培的发展，通过改变生长环境、进行品种改良、延缓种质资源减少及退化、最终进行迁地回归，可以对野生种质资源复壮起到积极作用。建立百合种质资源库和种质资源圃是收集和保存百合种质资源必不可少的措施，专类园是百合迁地保护的主要途径，依托专类园，对本地区百合资源进行调查及引种驯化，明确种类及资源贮藏量，建立相应的数据共享网络系统，对百合种质资源的长期保存和有效利用具有重要意义。

2.2.5　野生百合种质资源的研究内容

对野生百合资源的研究及保护应从以下几个方面开展。

1）信息的收集和整理。由于百合野生种源随着环境的恶劣会减少或移动，

[①]　1 亩≈666.7m²

人类活动带来的物种迁移意味着物种可能会在以前未有分布的地域分布。科研部门对收集的种质资源进行研究，以前由于互联网技术不发达，科研机构相互之间沟通困难，信息不能共享，重复性工作较多，因此对野生百合资源的分布调查及相关技术资料进行收集、整理及信息共享的意义非常重大，现在对百合的研究现状可以通过网络直接共享，避免了大量的弯路及重复性工作。

2）种质资源的评价。应从野生百合资源开发利用的角度建立独立、完整、统一的评价体系，从而确立有效的质量评价标准，进行经济性、抗逆性、有效成分含量等评价。从野生百合资源保护角度，应开展百合遗传多样性研究，特别是珍稀濒危百合的种质资源保护研究，RAPD（random amplified polymorphic DNA，随机扩增多态性 DNA）、RFLP（restriction fragment length polymorphism，限制性片段长度多态性）、AFLP（amplified fragment length polymorphism，扩增片段长度多态性）、SSR（simple sequence repeat，简单重复序列）等分子标记技术的迅速发展，原位杂交技术的深入研究，为快速、准确进行大量种质资源基因型的鉴定及种质创新提供了技术支撑。目前对种质资源的评价及遗传标记主要有 DNA 分子遗传标记技术和 AFLP 分子标记技术，特别是 AFLP 的应用，在种群生态、作物品系鉴定、基因定位制图、遗传多样性等方面作用巨大，并且有带纹丰富、试验材料用量少、灵敏度高等特点，一次分析可获得大量的遗传信息，并表现大量多态带，对具有亲缘关系及遗传种类区别不大的品种，AFLP 更能体现出科技优势。AFLP 结合了 RFLP 和 RAPD 的优点，既具有 RAPD 高效性的特点，又有 RFLP 稳定性高、重复性强的特点，分辨率高，利用 AFLP 技术主要可以完成百合种质鉴定、种质间亲缘关系分析、种质分类的研究及遗传图谱构建研究等工作。

2.2.6　野生百合种质资源保护的主要方法

野生百合种质资源保护措施主要有以下三种。

（1）就地保护

就地保护是对所有野生物种进行的最广泛有效的保护措施，我国成立的各种类型保护区都属于就地保护的范畴，目的是将野生资源或自然环境原地保存、保护。这种方法可以使百合在已适应的环境中得到有效保护，可通过以下两种途径完成。

1）建立百合资源（综合资源）保护区。功能区划分前对本区域百合资源进行调查，确定百合种类、资源分布点及贮藏量，划定绝对保护品种，禁止商业性采挖，仅供科学研究采集。

2）生产性保护。将保护、生产相结合，通过森林抚育对野生百合加强管理，在原生地播种，扩大种群数量，是在原生地增加资源贮藏量的有效手段，种质资源丰富后可通过旅游观光、有计划采挖等方法综合性开发并创造经济效益。

（2）异地保护

异地保护又称为迁地保护技术，即将野生种源稀少、生存环境破坏速度快、种群在原生地无法继续生存、有绝灭可能的物种，通过迁移到异地来开展保护性栽培并扩繁种源，最终实现回归自然。异地保护操作具有目标明确、集中管理的优点，缺点是费用高、种质资源迁移过程技术含量高、需要有适宜的地域作为种源保存地。异地保护可通过建立植物园、苗圃、专类园等方法体现，通过科学种植形成庞大种群，不仅可以完成保护任务，同时也可满足科学研究并产生经济效益，条件成熟时可进行种源回迁保护。异地保护前应对野生百合进行详细野外调查，编制《百合种质资源描述简表》（表2-2）、《百合种质资源数据采集表》（表2-3）和百合种质资源利用情况登记表（表2-4）。

（3）离体保护

离体保护是目前保护百合种质资源比较先进的方法，利用先进技术保存并研究携带全部遗传信息的片段，可以利用百合的部分器官来长期保存百合的种质基因，主要有建立百合种质资源基因库和组织培养两种方法。

1）百合种质资源基因库。目的是收集和保存百合遗传物质携带体及其本身，以免野生种群毁灭性破坏而致基因流失，有利于保存优良百合种质资源，为科学研究提供丰富的遗传资料和研究材料。百合种质资源库主要有贮藏区、试验区、种子处理区、标本区、动力区及复份库区等，种质资源库应定期更换百合品种，具有品种交换的功能。

2）组织培养。组织培养是将百合的某一器官、组织、细胞或鳞片，通过人工无菌离体培养，定向诱导分化获得大量种苗技术的应用。它可以使种群繁殖速度加快，是目前有效的育种方法之一。百合的组织培养过程中，实体苗从培养瓶转入常规栽培是关键环节，俗称炼苗，目前也是制约百合组织培养技术的瓶颈。

表2-2　百合种质资源描述简表（引自李锡香和明军，2014）

序号	代号	描述符	描述符性质	单位或代码
1	101	全国统一编号	M	
2	102	种质圃编号	M	
3	103	引种号	C/ 国外种质	
4	104	采集号	C/ 野生资源和地方品种	
5	105	种质名称	M	
6	106	种质外文名	M	

续表

序号	代号	描述符	描述符性质	单位或代码
7	107	科名	M	
8	108	属名	M	
9	109	学名	M	
10	110	原产国	M	
11	111	原产省	M	
12	112	原产地	M	
13	113	海拔	C/ 野生资源和地方品种	m
14	114	经度	C/ 野生资源和地方品种	
15	115	纬度	C/ 野生资源和地方品种	
16	116	来源地	M	
17	117	保存单位	M	
18	118	保存单位编号	M	
19	119	系谱	C/ 选育品种或品系	
20	120	选育单位	C/ 选育品种或品系	
21	121	育成年份	C/ 选育品种或品系	
22	122	选育方法	C/ 选育品种或品系	
23	123	种质类型	M	1：野生资源；2：地方品种； 3：选育品种；4：品系； 5 遗传材料；6：其他
24	124	图像	O	
25	125	观测地点	M	
26	201	株高	M	cm
27	202	株幅	M	cm
28	203	茎粗	M	cm
29	204	茎斑点	M	0：无；1：条；2：点
30	205	茎主色	M	1：绿色；2：紫绿色； 3：紫色；4：紫褐色
31	206	茎次色	O	1：红色；2：紫色；3：紫红色
32	207	茎茸毛	M	0：无；1：有
33	208	鳞茎形状	M	1：扁圆球；2：圆球
34	209	鳞茎横径	M	cm

续表

序号	代号	描述符	描述符性质	单位或代码
35	210	鳞茎纵径	M	cm
36	211	鳞茎小鳞茎数	M	个
37	212	小鳞茎鳞片数	M	片
38	213	茎生小鳞茎	O	0：无；1：有
39	214	鳞片形状	M	1：近圆形；2：阔卵形；3：披针形
40	215	鳞片色	M	1：白色；2：淡黄色；3：紫色
41	216	鳞片长	M	cm
42	217	鳞片宽	M	cm
43	218	鳞片厚	O	cm
44	219	鳞片节	O	0：无；1：有
45	220	单鳞茎重	M	g
46	221	茎叶片数	M	片
47	222	叶着生方式	M	1：对生；2：互生；3：轮生
48	223	叶着生方向	M	1：下垂；2：平展； 3：半直立；4：直立
49	224	叶形	M	1：剑形；2：条形；3：披针形； 4：椭圆形
50	225	叶色	M	1：绿色；2：深绿色
51	226	叶面光泽	O	0：无；1：有
52	227	叶缘起伏	O	1：平；2：波状
53	228	叶扭曲	O	1：平；2：扭曲
54	229	叶茸毛	O	0：无；1：有
55	230	叶长	M	cm
56	231	叶宽	M	cm
57	232	珠芽	O	0：无；1：有
58	233	珠芽颜色	O	1：绿色；2：紫色；3：紫褐色
59	234	花序类型	M	1：总状花序；2：圆锥花序； 3：伞状花序
60	235	花葶长	M	cm
61	236	花葶分枝数	M	枝

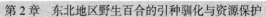

续表

序号	代号	描述符	描述符性质	单位或代码
62	237	单枝花蕾数	M	个
63	238	花着生方式	M	1：单生；2：簇生
64	239	花着生状态	M	1：下垂；2：平伸；3：直立
65	240	花梗粗度	M	cm
66	241	花梗茸毛	M	0：无；1：有
67	242	花梗形状	M	1：椭圆形；2：卵状椭圆形； 3：长椭圆形；4：矩圆形
68	243	花蕾长度	M	cm
69	244	花蕾直径	M	cm
70	245	花径	M	cm
71	246	花被片数	M	个
72	247	外花被片长度	M	cm
73	248	外花被片宽度	M	cm
74	249	外花被片状态	M	1：平展；2：翻卷
75	250	花被片端部形状	M	1：尖；2：钝尖；3：圆； 4：凹缺
76	251	花被片茸毛	O	0：无；1：有
77	252	外被片基部色	O	1：白色；2：绿白色；3：黄色； 4：绿黄色；5：红色；6：粉红色； 7：橙红色；8：橘红色； 9：洋红色；10：石榴红色； 11：紫红色；12：紫色
78	253	外被片中部色	O	1：白色；2：绿白色； 3：黄色；4：绿黄色；5：红色； 6：粉红色；7：橙红色；8：橘红色； 9：洋红色；10：石榴红色；11：紫红色；12：紫色
79	254	外被片外侧色	O	1：白色；2：黄色；3：红色； 4：紫红色；5：紫色
80	255	内被片中基部色	O	1：白色；2：绿白色；3：黄色； 4：绿黄色；5：红色；6：粉红色； 7：橙红色；8：橘红色；9：洋红色； 10：石榴红色；11：紫红色； 12：紫色

序号	代号	描述符	描述符性质	单位或代码
81	256	内被片外侧色	O	1：白色；2：黄色； 3：红色；4：紫色
82	257	外被片斑点数	O	0：无；1：少；2：中；3：多
83	258	内被片斑点数	O	0：无；1：少；2：中；3：多
84	259	斑点大小	M	0：无；1：条；2：点
85	260	斑点颜色	M	1：深红色；2：紫色； 3：紫褐色；4：紫黑色； 5：褐色；6：黑色
86	261	花被片缘波状	O	0：无；1：小；2：中；3：大
87	262	花被片内卷	O	1：尖端；2：末梢；3：整个花被片
88	263	花被片反卷	O	1：弱；2：中；3：强
89	264	花香	M	0：无；1：淡；2：中；3：浓
90	265	花柱颜色	O	1：白色；2：黄色；3：黄绿色； 4：绿色；5：橙色；6：橙红色； 7：粉红色；8：红色；9：紫红色； 10：紫色；11：紫褐色
91	266	花柱长度	O	cm
92	267	柱头颜色	O	1：灰色；2：绿色；3：橙色； 4：紫红色；5：紫色；6：黑紫色； 7：褐色；8：白色
93	268	雄蕊数目	O	个
94	269	雄蕊瓣化	O	0：无；1：有
95	270	花药长度	O	cm
96	271	花药宽度	O	cm
97	272	花药颜色	O	1：橙色；2：红褐色； 3：褐色；4：紫色
98	273	花粉	O	0：无；1：有
99	274	花粉颜色	O	1：浅黄色；2：黄色；3：橙色； 4：浅褐色；5：橙棕色；6：红褐色； 7：黑褐色
100	275	花丝颜色	O	1：白色；2：绿色；3：黄绿色； 4：黄色；5：橘红色；6：玫瑰红色； 7：粉红色；8：红色；9：紫红色； 10：紫色；11：紫褐色

续表

序号	代号	描述符	描述符性质	单位或代码
101	276	花丝长度	O	cm
102	277	柱头对花药位置	O	1：低；2：等高；3：高
103	278	蜜腺两侧突起	O	0：无；1：有
104	279	蜜腺沟颜色	O	1：白色；2：绿色；3：黄绿色； 4：黄色；5：橘黄色；6：粉红色； 7：红色；8：紫红色；9：紫色； 10：紫褐色
105	280	花期长短	M	d
106	281	蒴果形状	M	1：椭圆；2：长椭圆
107	282	蒴果直径	M	cm
108	283	果柄长	M	cm
109	284	育性	O	1：全不育；2：雄性不育； 3：雌性不育；4：可育
110	285	种子发育	O	1：瘪；2：饱满
111	286	种子千粒重	O	g
112	287	种皮色	O	1：褐色；2：黑色；3：白色
113	288	花单产	M	枝每亩
114	289	鳞茎单产	M	千克每亩
115	290	形态一致性	M	1：一致；2：持续的变异； 3：不持续的变异
116	291	繁殖方式	M	1：鳞茎繁殖；2：鳞片扦插； 3：珠芽繁殖；4：种子
117	292	播种期	C/种 鳞茎繁殖	
118	293	定植期	M	
119	294	鳞茎收获期	M	
120	295	始花期	M	
121	296	盛花期	M	
122	297	末花期	M	
123	298	种子收获期	O	
124	301	鳞茎干物质含量	O	%
125	302	鳞茎淀粉含量	O	%

序号	代号	描述符	描述符性质	单位或代码
126	303	鳞茎维生素C含量	O	10^{-2}mg/g
127	304	鳞茎粗蛋白含量	O	%
128	305	鳞茎可溶性糖含量	O	%
129	306	食用鳞茎耐储藏性	O	3：强；5：中；7：弱
130	307	观赏种球耐储藏性	O	3：强；5：中；7：弱
131	401	耐寒性	O	3：强；5：中；7：弱
132	402	耐热性	O	3：强；5：中；7：弱
133	403	耐旱性	O	3：强；5：中；7：弱
134	404	耐涝性	O	3：强；5：中；7：弱
135	405	耐盐性	O	3：强；5：中；7：弱
136	501	病毒病抗性	O	1：高抗；3：抗病；5：中抗；7：感病；9：高感
137	502	灰霉病抗性	O	1：高抗；3：抗病；5：中抗；7：感病；9：高感
138	503	炭疽病抗性	O	1：高抗；3：抗病；5：中抗；7：感病；9：高感
139	504	软腐病抗性	O	1：高抗；3：抗病；5：中抗；7：感病；9：高感
140	505	疫病抗性	O	1：高抗；3：抗病；5：中抗；7：感病；9：高感
141	506	枯斑（叶烧）病抗性	O	1：高抗；3：抗病；5：中抗；7：感病；9：高感
142	507	青霉腐烂病抗性	O	1：高抗；3：抗病；5：中抗；7：感病；9：高感
143	601	用途	M	1：鲜食；2：加工；3：观赏；4：药用
144	602	核型	O	
145	603	指纹图谱与分子标记	O	
146	604	备注	O	

注：M. 必选描述符（所有种质必须鉴定评价的描述符）；O. 可选描述符（可选择鉴定评价的描述符）；C. 条件描述符（只对特定种质进行鉴定评价的描述）

表 2-3　百合种质资源数据采集表（引自李锡香和明军，2014）

基本信息			
全国统一编号		种质圃编号	
引种号		采集号	
种质名称		种质外文名	
科名		属名	
学名		原产国	
原产省		原产地	
海拔高度 /m		经度	
纬度		来源地	
保存单位		保存单位编号	
系谱		选育单位	
育成年份		育种方法	
种质类型	1：野生资源；2：地方品种；3：选育品种；4：品系；5：遗传材料；6：其他		
图像		观测地点	
形态特征和生物学特性			
株高 /cm		开展度 /cm	
茎粗 /cm		茎斑点	0：无；1：条；2：点
茎主色	1：绿；2：紫绿；3：紫；4：紫褐	茎次色	1：红；2：紫；3：紫红
茎茸毛	0：无；1：有	鳞茎形状	1：扁圆球；2：圆球
鳞茎横径 /cm			
鳞茎纵径 /cm			
鳞茎小鳞茎数 / 个		小鳞茎鳞片数 / 片	
茎生小鳞茎	0：无；1：有	鳞片形态	1：近圆形；2：阔卵形；3：披针形
鳞片色	1：白色；2：淡黄色；3：紫色		
鳞片长 /cm			
鳞片宽 /cm			
鳞片厚 /cm			
鳞片节	0：无；1：有	单鳞茎重 /g	
茎叶片数 / 片			

叶着生方式	1：对生；2：互生；3：轮生		
叶着生方向	1：下垂；2：平展；3：半直立；4：直立		
叶形	1：剑形；2：条形；3：披针形；4：椭圆形		
叶色	1：绿；2：深绿	叶面光泽	0：无；1：有
叶缘起伏	1：平；2：波状		
叶扭曲	1：平；2：扭曲	叶茸毛	0：无；1：有
叶长 /cm			
叶宽 /cm			
珠芽	0：无；1：有	珠芽颜色	1：绿色；2：紫色；3：紫褐色
花序类型	1：总状花序；2：圆锥花序；3：伞状花序		
花葶长 /cm			
花葶分枝数 / 枝		单枝蓓蕾数 / 个	
花着生方式	1：单生；2：簇生		
花着生状态	1：下垂；2：平伸；3：直立		
花梗粗度 /cm			
花梗茸毛	0：无；1：有	花蕾形状	1：椭圆形；2 卵状椭圆形；3：长椭圆形；4：矩圆形
花蕾长度 /cm		花蕾直径 /cm	
花径 /cm		花被片数 / 个	
外花被片长度 /cm			
外花被片宽度 /cm			
外花被片状态	1：平展；2：翻卷	花被片端部性状	1：尖；2：钝尖；3：圆；4：凹缺
花被片茸毛	0：无；1：有		
外被片基部色	1：白色；2：绿白色；3：黄色；4：绿黄色；5：红色；6：粉红色；7：橙红色；8：橘红色；9：洋红色；10：石榴红色；11：紫红色；12：紫色		
外被片中部色	1：白色；2：绿白色；3：黄色；4：绿黄色；5：红色；6：粉红色；7：橙红色；8：橘红色；9：洋红色；10：石榴红色；11：紫红色；12：紫色		
外被片外侧色	1：白色；2：黄色；3：红色；4：紫红色；5：紫色		
内被片中基部	1：白色；2：绿白色；3：黄色；4：绿黄色；5：红色；6：粉红色；7：橙红色；8：橘红色；9：洋红色；10：石榴红色；11：紫红色；12：紫色		
内被片外侧色	1：白色；2：黄；3：红色；4：紫色		

续表

外被片斑点数	0：无；1：少；2：中；3：多		
内被片斑点数	0：无；1：少；2：中；3：多	斑点大小	0：无；1：条；2：点
斑点颜色	1：深红色；2：紫色；3：紫褐色；4：紫黑色；5：褐色；6：黑色		
花被片缘波状	0：无；1：小；2：中；3：大		
花被片内卷	1：尖端；2：末梢；3：整个花被片		
花被片反卷	1：弱；2：中；3：强		
花香	0：无；1：淡；2：中；3：浓		
花柱颜色	1：白色；2：黄色；3：黄绿色；4：绿色；5：橙色；6：橙红色；7：粉红色；8：红色；9：紫红色；10：紫色；11：紫褐色		
花柱长度 /cm			
柱头颜色	1：灰色；2：绿色；3：橙色；4：紫红色；5：紫色；6：黑紫色；7：褐色；8：白色		
雄蕊数目 / 个			
雄蕊瓣化	0：无；1：有		
花药长度 /cm			
花药宽度 /cm			
花药颜色	1：橙色；2：红褐色；3：褐色；4：紫色		
花粉	0：无；1：有		
花粉颜色	1：浅黄色；2：黄色；3：橙色；4：浅褐色；5：橙棕色；6：红褐色；7：黑褐色		
花丝颜色	1：白色；2：绿色；3：黄绿色；4：黄色；5：橘红色；6：玫瑰红色；7：粉红色；8：红色；9：紫红色；10：紫色；11：紫褐色		
花丝长度 /cm			
柱头对花药位置	1：低；2：等高；3：高	蜜腺两侧突起	0：无；1：有
蜜腺沟颜色	1：白色；2：绿色；3：黄绿色；4：黄色；5：橘黄色；6：粉红色；7：红色；8：紫红色；9：紫色；10：紫褐色		
花期 /d		蒴果形状	1：椭圆；2：长椭圆
蒴果直径 /cm			
果柄长 /cm			
育性	1：全不育；2：雄性不育；3：雌性不育；4：可育		
种子发育	1：瘪；2：饱满		
种子千粒重 /g			

种皮色	1：褐色；2：黑色；3：白色		
花单产 / （枝每亩）			
鳞茎单产 / （千克每亩）			
形态一致性	1：一致；2：持续的变异；3：不持续的变异		
繁殖方式	1：鳞茎繁殖；2：鳞片扦插；3：珠芽繁殖；4：种子		
播种期		定植期	
鳞茎收获期		始花期	
盛花期		末花期	
种子收获期			
品质特性			
鳞茎干物质含量 /%		鳞茎淀粉含量 /%	
鳞茎维生素 C 含量 / （10^{-2} mg/g）			
鳞茎粗蛋白含量 /%			
鳞茎可溶性糖含量 /%			
食用鳞茎耐贮藏性	3：强；5：中；7：弱		
观赏种球耐贮藏性	3：强；5：中；7：弱		
抗逆性			
耐寒性	3：强；5：中；7：弱	耐热性	3：强；5：中；7：弱
耐旱性	3：强；5：中；7：弱	耐涝性	3：强；5：中；7：弱
耐盐性	3：强；5：中；7：弱		
抗病性			
病毒病	1：高抗；3：抗病；5：中抗；7：感病；9：高感		
灰霉病	1：高抗；3：抗病；5：中抗；7：感病；9：高感		
炭疽病	1：高抗；3：抗病；5：中抗；7：感病；9：高感		
软腐病	1：高抗；3：抗病；5：中抗；7：感病；9：高感		
疫病	1：高抗；3：抗病；5：中抗；7：感病；9：高感		
枯斑病	1：高抗；3：抗病；5：中抗；7：感病；9：高感		
青霉腐烂病	1：高抗；3：抗病；5：中抗；7：感病；9：高感		

续表

其他特性	
用途	1：鲜食；2：加工；3：观赏；4：药用
核型	指纹图谱与分子标记
备注	

填表人：　　　　　审核：　　　　　　　　　　　　　　日期：

表 2-4　百合种质资源利用情况登记表（引自李锡香和明军，2014）

种质名称						
提供单位		提供日期		提供数量		
提供种质类型	地方品种□　育成品种□　高代品系□　国外引进品种□　野生种□ 近缘植物□　遗传材料□　突变体□　其他□					
提供种质形态	植株（苗）□　果实□　籽粒□　根□　茎（插条）□　叶□　芽□ 花（粉）□　组织□　细胞□　DNA□　其他□					
统一编号		国家种质资源圃编号				
提供种质的优异性状及利用价值：						
利用单位		利用时间				
利用目的						
利用途径：						
取得实际利用效果：						

种质利用单位盖章：　　　年　月　日　种质利用者签名：

第3章　长白山区野生百合引种驯化繁殖基地选址原则

百合种植对环境的要求主要包括交通、土壤、水、肥料、光照、温度及配套设施等。以种源收集、驯化为栽培方向,需重点考虑选址的海拔、土壤等条件;以开发鲜切花商品化为栽培方向,需重点考虑交通是否便利、鲜切花储藏等配套设备是否齐全;以药、食用为栽培方向,需重点考虑烘干、加工、晾晒等配套设备是否完善。

百合种植前对基地的选址及规划非常重要,基础条件满足的前提下需对基地进行科学规划设计,设计之前需进行现场调查,内容包括以下几点。

1)地况。包括经纬度、面积、边界、海拔、坡度、坡向等。如今 GPS(全球定位系统)对地理定位非常精确,可以正确显示栽培区域的经纬度。林区栽培还需考虑该地区是否为季节性降雨易发区、雨后集中过水区、霜道等。

2)气候。应对栽培基地的气候进行广泛调查,包括最高、最低气温起止时间,年平均气温,年降雨量,月降雨量,最大降雨量,雨季旱季时间,风力、风向及易发时间,霜雪起止日期等。特别是近年来由于环境变化较大,极端恶劣天气(如雾、冰雹、酸雨、沙尘暴)的发生频率升高,这些都属于调查范围。此外,还需调查周边是否有大型化工厂、污水排放是否影响种植基地、煤烟及粉尘处理是否达标。林区种植时还应考虑周边植被对种植基地的土壤、肥力、酸碱度、土层厚度等的影响,及垂直分布带下周边植被遮风强度及小气候条件下对栽培基地的影响。

3)水源。需调查水质是否符合农田灌溉水质标准,包括水源是否为流水、水源距离、雨季基地是否存在被雨水冲刷的风险、雨水是否可以利用等。利用地下水时需要注意水源是否存在被污染的隐患。

4)土壤。包括土壤肥力、土质、酸碱度、土地 3 年内栽种作物情况等。同时延伸调查周边是否有可利用的有机质肥料源及种类,是否有绿肥植物可供利用。

5)社会调查。主要调查当地的人口分布、劳动力多少及强弱、种植户文化程度、当地平均工资、农业人口农副产品种植收入及季节工的日最高工资额等项目，同时延伸至政府对多种经营的扶持力度、是否有优惠政策等。

调查完成后撰写可行性报告并绘制种植基地图纸，包括地形图、土壤（质）分布图、各土层成分含量图及水利图，选择林区或有坡度种植基地时，则在图纸中以 0.5m 高差注明等高线。以上内容主要是大型产业化、工厂化种植百合时需要准备的必要材料，家庭小规模种植可以选择性参考。

3.1　交通

这里的交通包括以下两种概念。一是百合商品运输交通，国内交通网今非昔比，公路、铁路、航空四通八达，农村已基本完成村村通工程，运输中基本排除因路况颠簸造成的损失。对交通运输主要考虑以下两点：①鲜切花经营与销售地点的距离决定成本与定价，影响到市场竞争力；②以食用为主销售时距离决定成本及保鲜质量。二是种植基地交通，种植基地交通设计时需考虑主路、干路、支路是否充足合理，便于除草、采收、运输肥料、改良土壤等，基地交通布局是否合理还起到一个重要作用——由于连雨天导致病虫害发生时可起到隔离作用，为防治赢得时间。基地道路设计应与排涝、抗旱设备同步进行，合理的布局便于生产管理，抵抗不可预见的自然灾害。

3.2　土壤

土壤是百合栽培能否成功的第一要素，百合栽培需要腐殖质丰富、疏松、微酸性、排水良好的土层，忌黏土，部分品种耐碱性，可生长于石灰岩土。百合适宜的土壤 pH 为 5.5～7.5。人工栽培每 3 年为一个周期，忌连作，农田种植时与豆科或禾本科作物轮作，轮作周期 3 年以上。种植基地土壤达不到要求又无适宜栽培地时，需对土壤进行改良。土壤改良包括 3 个方面：①调整土壤 pH，可通过增施有机肥、沤制植物性堆肥、增施硫酸亚铁等措施来提高土壤酸性，通过增施煤渣（粉碎或过筛）、石灰等措施来降低土壤酸性；②通过补充细河沙、珍珠岩、蛭石、阔叶木屑等方法调整土壤结构，使土壤松散不板结；③确定种植百合的地块需提前 3 年停止种植农作物，改种苏子，夏末用旋耕机将苏子与土壤一起旋耕，连续 3 年，此法可将百合种植基地土壤完整改良，对温室种植鲜切花更佳。

地势的选择对百合生长至关重要，根据百合的生长特性，5°以下的缓坡最佳。如果地势平坦，连雨天时需保证迅速排水，喜荫的品种提前建好遮阴篷架。

土壤环境质量标准值如表 3-1 所示。

表 3-1　土壤环境质量标准值（引自《土壤环境质量标准》，GB 15618—1995）

单位：mg/kg

项目	级别	一级 自然背景	二级 pH < 6.5	二级 pH6.5~7.5	二级 pH > 7.5	三级 pH > 6.5
镉	≤	0.20	0.30	0.30	0.60	1.0
汞	≤	0.15	0.30	0.50	1.0	1.5
砷	水田≤	15	30	25	20	30
	旱地≤	15	40	30	25	40
铜	农田等≤	35	50	100	100	400
	果园≤	—	150	200	200	400
铅	≤	35	250	300	350	500
铬	水田≤	90	250	300	350	400
	旱地 ≤	90	150	200	250	300
锌	≤	100	200	250	300	500
镍	≤	40	40	50	60	200
六六六	≤	0.05	0.50	0.50	0.50	1.0
滴滴涕	≤	0.05	0.50	0.50	0.50	1.0

注：重金属（铬主要是三价）和砷均按元素量计，适用于阳离子交换量＞5cmol（+）/kg 的土壤，若 ≤5cmol（+）/kg，其标准值为表内数值的半数；六六六为 4 种异构体总量，滴滴涕为 4 种衍生物总量；水旱轮作地的土壤环境质量标准，砷采用水田值，铬采用旱地值；—表示未检出

3.3　水源

　　野生百合生长于空气湿润的林缘、山坡、灌丛、草甸中。由于百合根系较少，需要在土壤湿润而不积水的条件下方能正常生长。规模化种植时水对百合的生长尤为关键，大多数百合品种比较耐旱，但缺水严重时会影响生长及开花质量。

　　百合生长期间忌涝及漫灌，土壤积水易引起土壤缺氧导致鳞茎腐烂，高温高湿环境易导致病虫害发生。温室大棚种植时，空气湿度长期高于 85% 易引发病虫害。百合生长期灌溉水可使用活水、井水或雨水，慎用池塘水，禁用死水或冲

洗喷雾器的水。

　　水质对百合的生长十分重要，种植基地必须建蓄水池。百合虽然较耐旱，但干旱时仍需要进行人工浇灌，以喷灌和滴灌为主，忌漫灌。喷灌高度设置在1.60～2.15m，管间距 2.2～3.2m，相邻喷头间距离 1～1.6m，夏季多用喷灌，可以起降温作用。冬季多用滴灌（温室），可以避免棚内温差变化太大，降低空气湿度，减少病虫害发生。如果种植技术精湛，可以在百合不同生长期将不同肥料或农药混入蓄水池（箱）中，充分利用滴灌缓慢、均衡的特点将肥料精施于地下。总之，滴灌具有灌溉质量好、节水、精确、操作简便、省工、省力等优点。农田灌溉水质标准如表 3-2、表 3-3 所示。

表 3-2　农田灌溉水质标准值（引自《农田灌溉水质标准》，GB 5084—2005）

序号	项目类别	作物种类		
		水作	旱作	蔬菜
1	五日生化需氧量 /（mg/L）≤	60	100	40[a]，15[b]
2	化学需氧量 /（mg/L）≤	150	200	100[a]，60[b]
3	悬浮物 /（mg/L）≤	80	100	60[a]，15[b]
4	阴离子表面活性剂 /（mg/L）≤	5	8	5
5	水温 /℃≤		25	
6	pH		5.5～8.5	
7	全盐量 /（mg/L）≤		1000（非盐碱土地区）[c]；2000（盐碱土地区）[c]	
8	氯化物 /（mg/L）≤		350	
9	硫化物 /（mg/L）≤		1	
10	总汞 /（mg/L）≤		0.001	
11	镉 /（mg/L）≤		0.01	
12	总砷 /（mg/L）≤	0.05	0.1	0.05
13	铬（六价）/（mg/L）≤		0.1	
14	铅 /（mg/L）≤		0.2	
15	粪大肠菌群数 /（个 /100mL）≤	4000	4000	2000[a]，1000[b]
16	蛔虫卵数 /（个 /L）≤		2	2[a]，1[b]

　　注：a. 加工、烹调及去皮蔬菜；b. 生食类蔬菜、瓜类和草本水果；c. 具有一定的水利灌排设施，能保证一定的排水和地下水径流条件的地区，或有一定淡水资源能满足冲洗土体中盐分的地区，农田灌溉水质全盐量指标可以适当放宽

表 3-3 农田灌溉用水水质选择性控制项目标准值

（引自《农田灌溉水质标准》，GB 5084—2005） 单位：mg/L

序号	项目类别	作物种类		
		水作	旱作	蔬菜
1	铜≤	0.5		1
2	锌≤		2	
3	硒≤		0.02	
4	氟化物≤		2（一般地区）；3（高氟区）	
5	氰化物≤		0.5	
6	石油类≤	5	10	1
7	挥发酚≤		1	
8	苯≤		2.5	
9	三氯乙醛≤	1	0.5	0.5
10	丙烯醛≤		0.5	
11	硼≤	1（对硼敏感作物[a]）；2（对硼耐受性较强的作物[b]）；3（对硼耐受性强的作物[c]）		

注：a. 对硼敏感作物，如黄瓜、豆类、马铃薯、笋瓜、韭菜、洋葱、柑橘等；b. 对硼耐受性较强的作物，如小麦、玉米、青椒、小白菜、葱等；c. 对硼耐受性强的作物，如水稻、萝卜、油菜、甘蓝等

3.4 肥料

大多数百合喜肥但忌浓肥，不同品种百合喜肥种类不同，百合吸收的主要元素是钾（K），其次为氮（N）、磷（P）、钙（Ca）、镁（Mg）、硫（S）、铁（Fe）、硼（B）、锰（Mn）、铜（Cu）、锌（Zn）、钼（Mo）等。施足底肥的前提下可不单独追施氮肥。鳞茎较大的品种对氮肥需求量较高，如毛百合、卷丹等，在配方施肥时需增施10%氮肥，可以获得优质种球。应在生长高峰前期5～10d施入氮肥，生长中期不须增施氮肥。有研究分析，百合适宜的肥料比例为氮：磷：钾：钙：镁＝10：1.7：13.8：6.4：0.34。其他微量元素在施入有机肥时基本可满足需求，可通过追肥或追施叶面肥时同时追施微量元素。如今市售叶面肥多富含微量元素，在喷施时注意微量元素的成分含量即可。百合在幼苗出土三周内对盐分非常敏感，因此在确定栽培地时应对土壤进行土样检测，总盐分（EG值）应低于1.5mS/cm，氯化物含量应低于1.5mmol/L。

有机肥是百合生产中主要的肥料之一，可以避免土壤板结、增加微量元素、提高轮作质量。有机肥种类很多，主要有人粪尿、禽粪、牲畜粪、绿植堆沤肥、

饼肥、沼气池肥、草炭及腐殖酸类。百合种植常用的是禽粪，其次是牲畜粪、饼肥等。有机肥特别是畜禽类粪肥中，营养成分含量多，同时含有较高的酶活性，高于土壤酶活性几十倍至几百倍，有提高土壤有效养分和发挥土壤肥力的作用。新鲜禽粪中钾有效性很高，可达 50%～80%，有效磷 25%～50%，氮以有机态为主，无机态氮含量较少，此外含有钙、镁、硫及多种微量元素（表 3-4）。

表 3-4　畜禽类粪肥中大量营养元素和微量元素含量（干重测算）（引自浙江农业大学，1991）

营养成分	粪肥种类		牛粪	猪粪	羊粪	鸡粪
氮		全氮（N%）	1.73	2.91	2.23	2.82
		水解氮 /（mg/100g）	200	414	212	735
		NH_4-N/（mg/100g）	159	262	104	641
磷		全磷（P%）	0.83	1.33	0.78	1.22
		有效磷 /（mg/100g）	290	314	431	611
		有效磷占全磷量百分率 /%	35	24	55	51
钾		全钾（K%）	0.74	1.00	0.78	1.40
		速效钾 /（mg/100g）	594	728	433	675
		速效钾占有全钾量百分率 /%	80	73	56	48
微量元素 /（mg/kg）	硼	全硼量	22.8	21.7	30.8	24.0
		有效硼	2.7	2.6	5.0	3.0
	锌	全锌量	187	199	146	130
		有效锌	11.9	16.2	32.2	29.0
	锰	全锰量	355	261	172	143
		有效锰	62.9	55.5	19.0	14.9
	钼	全钼量	3.7	＜3.0	3.4	4.2
		有效钼	—	—	—	—
	铁	全铁量	1952	1845	1921	1901
		有效铁	69.3	260	19.2	29.3
	铜	全铜量	16.7	50.0	23.0	13.0
		有效铜	3.4	9.0	5.0	3.3
有机质 /%			73.6	77.0	60.2	68.9

注：—表示未检出

畜禽类肥料使用前需沤制，主要有 3 种方法：①垫圈法，将干土定时往圈中铺垫，通过畜禽踩踏排泄，层积到一定厚度时取出堆积成梯形，上覆盖一层土后覆盖塑料布堆积发酵；②清理圈舍，将肥取出后按 1 : 1 比例混入干土，如果畜禽粪水分大则先晾晒，然后混拌干土，堆成梯形后覆盖一层土，覆盖塑料布堆积发酵；③建池发酵，即化粪池，先建一个土坑，将人粪尿或畜禽粪存放池中，池上密封自然发酵，拌土后使用。

3.5　光照

百合是长日照植物，光照时间不足时雄蕊进行乙烯代谢，导致花蕾脱落。大多数百合品种对光照的要求不是十分严格，多数品种喜光但忌强光。幼苗期和夏季生长期光照强度在6000～35 000lx时可以正常生长，鳞茎较大的食用百合（如卷丹）不需遮光，种球较小及野外生长于林内的百合（如东北百合）在人工栽培条件下需遮光，长期阴雨天光照低于6000lx时，易造成百合徒长，造成"盲花"或花蕾脱落。不同生长期的百合对光的要求不同：幼苗适宜光照强度为0.5万～1.2万lx；生长期1.5万～2.5万lx；蕾期2万～3.5万lx。温室大棚种植百合时应安装补光设备，如果有效光照低于14～16h，需启动人工补光设备。

光照对百合鳞茎膨大非常重要，鳞茎是百合光合作用的最终贮藏器官，是促进子球形成及鳞茎生长的关键因素。光照的起止时间决定了适宜种植的品种，百合鲜切花种植分为早花、中花、晚花和极晚花品种，人工栽培时生长物候与光照关系密切，掌握不好光照时间将不能合理安排种植计划，易造成巨大的经济损失。表3-5是我国中央气象局编印的《气象常用表》（1974）中的日照时间表（日出至日入之间的时数），以每月的1、6、11、16、21、26日6天的逐日日照时数为基础，计算出我国北纬20°、24°、28°、32°、36°、40°、44°及48°地区每月6天中的有效光照长度。每天的有效光照长度以日照时间为基础算出，日照时间指太阳中心出地平线至入地平线，昼间照耀地面的时间，而有效光照长度是以太阳在地平线以下6°的光照为起点，即天文学上的"晨光始"至"昏影终"的时间为有效光照长度，具体数值为日照时数加48min。

表 3-5　我国不同纬度全年逐日有效光照长度　　　单位：（时：分）

日期	20°N	24°N	28°N	32°N	36°N	40°N	44°N	48°N
1月1日	11：42	11：26	11：09	10：50	10：30	10：07	9：41	9：11
6日	11：44	11：28	11：12	10：54	10：34	10：12	9：47	9：17
11日	11：46	11：31	11：16	10：58	10：39	10：18	9：53	9：25
16日	11：49	11：35	11：20	11：03	10：45	10：25	10：02	9：35
21日	11：53	11：39	11：25	11：09	10：52	10：33	10：11	9：46
26日	11：56	11：44	11：31	11：16	11：01	10：43	10：23	9：59

续表

日期	20°N	24°N	28°N	32°N	36°N	40°N	44°N	48°N
2月1日	12：02	11：50	11：38	11：25	11：11	10：55	10：37	10：15
6日	12：06	11：56	11：45	11：33	11：20	11：06	10：50	10：31
11日	12：11	12：02	11：52	11：42	11：31	11：18	11：03	10：46
16日	12：16	12：08	12：00	11：51	11：41	11：30	11：17	11：03
21日	12：21	12：15	12：08	12：00	11：52	11：43	11：32	11：20
26日	12：27	12：22	12：16	12：10	12：02	11：55	11：47	11：37
3月1日	12：31	12：26	12：21	12：16	12：09	12：03	11：55	11：47
6日	12：36	12：33	12：29	12：25	12：20	12：16	12：10	12：04
11日	12：42	12：40	12：37	12：35	12：32	12：29	12：25	12：21
16日	12：48	12：47	12：46	12：44	12：43	12：42	12：41	12：40
21日	12：54	12：54	12：55	12：55	12：55	12：56	12：56	12：57
26日	13：00	13：02	13：04	13：05	13：07	13：09	13：11	13：14
4月1日	13：06	13：09	13：13	13：16	13：20	13：25	13：29	13：35
6日	13：12	13：16	13：21	13：26	13：31	13：38	13：44	13：53
11日	13：17	13：23	13：29	13：35	13：43	13：50	13：59	14：10
16日	13：23	13：29	13：37	13：45	13：53	14：03	14：14	14：26
21日	13：28	13：36	13：44	13：54	14：04	14：16	14：28	14：43
26日	13：34	13：42	13：52	14：03	14：14	14：28	14：42	14：59
5月1日	13：38	13：48	13：59	14：11	14：25	14：39	14：55	15：14
6日	13：43	13：54	14：06	14：19	14：34	14：50	15：08	15：29
11日	13：47	13：59	14：13	14：28	14：43	15：00	15：20	15：44
16日	13：51	14：04	14：19	14：34	14：51	15：10	15：31	15：57
21日	13：54	14：09	14：24	14：40	15：02	15：19	15：41	16：09
26日	13：58	14：13	14：29	14：46	15：05	15：26	15：50	16：19
6月1日	14：01	14：17	14：34	14：52	15：11	15：34	16：00	16：30
6日	14：03	14：19	14：37	14：55	15：16	15：39	16：06	16：37
11日	14：05	14：21	14：38	14：58	15：19	15：43	16：10	16：43
16日	14：05	14：22	14：40	14：59	15：21	15：45	16：13	16：46
21日	14：06	14：23	14：41	15：00	15：22	15：46	16：14	16：47
26日	14：05	14：22	14：40	14：59	15：21	15：45	16：13	16：46
7月1日	14：05	14：21	14：38	14：58	15：19	15：43	16：01	16：43
6日	14：03	14：19	14：37	14：55	15：16	15：40	16：06	16：38
11日	14：01	14：17	14：34	14：52	15：11	15：34	16：01	16：31
16日	13：59	14：14	14：30	14：47	15：07	15：28	15：53	16：22
21日	13：56	14：10	14：26	14：42	15：00	15：21	15：44	16：12
26日	13：52	14：06	14：20	14：35	14：53	15：13	15：35	16：01
8月1日	13：47	14：00	14：13	14：28	14：44	15：01	15：22	15：45
6日	13：43	13：55	14：07	14：20	14：35	14：51	15：10	15：31
11日	13：39	13：49	14：00	14：13	14：26	14：40	14：57	15：17
16日	13：34	13：43	13：53	14：04	14：16	14：29	14：44	15：02
21日	13：29	13：37	13：46	13：55	14：05	14：17	14：31	14：46
26日	13：23	13：31	13：38	13：46	13：55	14：05	14：16	14：29

续表

日期	20°N	24°N	28°N	32°N	36°N	40°N	44°N	48°N
9月1日	13∶17	13∶23	13∶29	13∶35	13∶43	13∶50	13∶59	14∶10
6日	13∶12	13∶16	13∶21	13∶26	13∶31	13∶38	13∶45	13∶53
11日	13∶06	13∶09	13∶13	13∶16	13∶20	13∶25	13∶30	13∶35
16日	13∶01	13∶02	13∶04	13∶07	13∶09	13∶12	13∶15	13∶19
21日	12∶55	12∶55	12∶56	12∶57	12∶58	12∶59	13∶00	13∶01
26日	12∶49	12∶49	12∶48	12∶47	12∶47	12∶46	12∶45	12∶44
10月1日	12∶44	12∶41	12∶40	12∶37	12∶35	12∶32	12∶29	12∶26
6日	12∶38	12∶35	12∶31	12∶28	12∶23	12∶19	12∶14	12∶09
11日	12∶32	12∶28	12∶23	12∶18	12∶12	12∶07	11∶59	11∶52
16日	12∶27	12∶21	12∶15	12∶08	12∶01	11∶53	11∶45	11∶35
21日	12∶22	12∶14	12∶07	11∶59	11∶50	11∶41	11∶31	11∶18
26日	12∶16	12∶08	11∶59	11∶50	11∶40	11∶29	11∶16	11∶01
11月1日	12∶10	12∶01	11∶50	11∶40	11∶28	11∶14	10∶59	10∶42
6日	12∶05	11∶55	11∶43	11∶31	11∶17	11∶03	10∶46	10∶27
11日	12∶01	11∶49	11∶36	11∶23	11∶08	10∶52	10∶34	10∶12
16日	11∶56	11∶43	11∶30	11∶16	11∶00	10∶42	10∶22	9∶58
21日	11∶53	11∶39	11∶25	11∶09	10∶52	10∶33	10∶11	9∶46
26日	11∶49	11∶35	11∶19	11∶03	10∶45	10∶25	10∶01	9∶34
12月1日	11∶46	11∶31	11∶15	10∶58	10∶39	10∶17	9∶53	9∶25
6日	11∶44	11∶28	11∶12	10∶54	10∶34	10∶12	9∶47	9∶17
11日	11∶42	11∶26	11∶10	10∶51	10∶31	10∶08	9∶41	9∶11
16日	11∶41	11∶25	11∶08	10∶49	10∶28	10∶05	9∶38	9∶07
21日	11∶41	11∶25	11∶07	10∶48	10∶27	10∶04	9∶37	9∶06
26日	11∶41	11∶25	11∶07	10∶49	10∶28	10∶05	9∶38	9∶07

根据表3-5，将我国以4°为一级划分为不同的纬度地区，以下是各纬度区的主要城市。

1）18°N～22°N：海口、三亚、湛江、北海、友谊关、勐腊。

2）22°N～26°N：台北、高雄、厦门、漳州、潮州、汕头、赣州、广州、香港、澳门、深圳、珠海、韶关、梧州、桂林、柳州、南宁、溶江、罗甸、昆明、下关镇、思茅。

3）26°N～30°N：宁波、温州、金华、福州、上饶、南昌、岳阳、长沙、湘潭、衡阳、都匀、贵阳、重庆、涪陵、泸州、内江、宜宾、雅安、西昌、攀枝花、拉萨、丽江。

4）30°N～34°N：上海、嘉兴、无锡、南京、盐城、杭州、芜湖、合肥、安庆、信阳、南阳、武汉、宜昌、襄阳、万县、南充、广元、成都、江油、安康、汉中。

5）34°N～38°N：威海、烟台、青岛、济南、徐州、开封、郑州、洛阳、邯郸、太原、西安、延安、宝鸡、天水、兰州、西宁。

6）38°N～42°N：安东、抚顺、沈阳、营口、通化、大连、锦州、北京、天津、保定、石家庄、张家口、大同、呼和浩特、包头、榆林、银川、玉门、敦煌。

7）42°N～46°N：延吉、牡丹江、哈尔滨、吉林、长春、四平、阜新、乌鲁木齐、伊宁、克拉玛依。

8）46°N～50°N：佳木斯、伊春、绥化、齐齐哈尔、大庆、满洲里。

将表 3-5 简化为表 3-6，便于应用。

表 3-6　我国各纬度地区与临界日长的日期

日期/（日/月）　　　纬度 相关生长期	48°N	44°N	40°N	36°N	32°N	28°N	24°N*	20°N**
从短日照增长至日照 14.5h 的开始日期	17/4	22/4	27/4	4/5	14/5	27/5	—	—
从长日照缩短至日照 14.5h 的开始日期	25/8	22/8	15/8	9/8	31/7	16/7	—	—
日照从 14.5h 缩短至 13.5h 的开始日期	13/9	11/9	9/9	7/9	4/9	2/9	26/9	21/8
日照从 13.5h 缩短至 12.5h 的开始日期	30/9	1/10	2/10	3/10	4/10	5/10	9/10	12/10

　　*全年日照最长的时候为 5 月 14 日～8 月 1 日，日照时数每天均在 14h 以下，夏至最长日照为 14.23h；**全年日照最长的时候为 6 月 1 日～7 月 11 日，日照时数每天均在 14h 以下，夏至最长日照为 14.09h；—表示无数据

百合种植时要根据生长品种的生长物候和种植地区所在的纬度来合理安排种植计划。在冬季种植鲜切花的温室大棚，须补光充足且不能有死角。我国位于北半球，气温由南至北逐渐降低。广义的长白山区纬度在 38°N～46°N，自然条件下栽培百合，种植品种以喜凉、第二年复花能力强的为主，种植南方品种时须进行引种试验，试验周期在 3 年以上。

此外，栽培地区的空气污染物会影响百合的光合作用，须进行适时监测，各项污染物的浓度限值参照表 3-7。

表 3-7 各项污染物的浓度限值（引自《环境空气质量标准》，GB 3095—1996）

污染物名称	取值时间	浓度限值			浓度单位
		一级标准	二级标准	三级标准	
二氧化硫（SO$_2$）	年平均	0.02	0.06	0.10	mg/m^3（标准状态）
	日平均	0.05	0.15	0.25	
	1小时平均	0.15	0.50	0.70	
总悬浮颗粒物（TSP）	年平均	0.08	0.20	0.30	
	日平均	0.12	0.30	0.50	
可吸入颗粒物（PM$_{10}$）	年平均	0.04	0.10	0.15	
	日平均	0.05	0.15	0.25	
氮氧化物（NO$_x$）	年平均	0.05	0.05	0.10	
	日平均	0.10	0.10	0.15	
	1小时平均	0.15	0.15	0.30	
二氧化氮（NO$_2$）	年平均	0.04	0.04	0.08	
	日平均	0.08	0.08	0.12	
	1小时平均	0.12	0.12	0.24	
一氧化碳（CO）	日平均	4.00	4.00	6.00	
	1小时平均	10.00	10.00	20.00	
臭氧（O$_3$）	1小时平均	0.12	0.16	0.20	
铅（Pb）	季平均		1.50		μg/m^3（标准状态）
	年平均		1.00		
苯并（a）芘〔B（a）P〕	日平均		0.01		
氟化物（F）	日平均		7[a]		
	1小时平均		20[a]		
	月平均	1.8[b]	1.2[b、c]		μg/（dm^2·d）
	植物生长季平均		2[c]		

注：a.适用于城市地区；b.适用于牧业区和以牧业为主的半农半牧区，桑蚕区；c.适用于农业和林业区

3.6 温度

百合种子发芽的适宜温度为15～25℃，白天为20～25℃，夜间10～15℃，当气温稳定超过14℃时，种子萌发出土，平均气温16～24℃时，地上茎生长最快。最适开花温度为24～26℃。百合整个生长期要求10℃以上积温超2500℃。

从百合分布的地理位置看出，不同品种的百合对温度的要求不同。耐寒种球越冬时可耐 -35℃低温，怕酷热，气温高于 28℃时生长缓慢，高于 35℃时生长受损、植株发黄。部分南方品种在北方种植时越冬须防寒，否则易死亡。

百合生长周期分为三个阶段：从定植至花芽分化为第一阶段；花芽分化至现蕾为第二阶段；现蕾至开花为第三阶段。亚洲百合、东方百合、麝香百合三大品系百合生长期的适宜温度如表 3-8 所示。

表 3-8   三大品系百合生长期适宜温度表（引自杨春起，2008）   单位：℃

品系	最低温度	生根最佳温度	营养生长最佳温度	花芽分化最佳温度	开花期最佳温度	生长期上限温度
亚洲百合	8	12～13	14～15	昼 18；夜 10	昼 22～25；夜 12	25
东方百合	11	12～13	15～17	昼 20；夜 15	昼 23～25；夜 15	28
麝香百合	13	12～13	16～18	昼 27；夜 18	昼 25～28；夜 18～20	32

长白山区野生百合品种毛百合在初夏最先花开，之后山丹、有斑百合、垂花百合、朝鲜百合、东北百合、大花百合、大花卷丹、卷丹等依次盛开，群花观赏期达到 85 天以上。毛百合抗寒性好，卷丹需要足够的温度花朵才能开放。

3.7   配套设施

配套设施主要包括办公室、晾晒场、工人休息室、库房（农机与农药分设）、蓄水池、有机肥沤制池（窖）等。鲜切花生产需建冷库分拣工作室、保鲜预处理室等。林区需考虑秋季野猪下山咬食百合鳞茎、拱地的情况，需安装声呐驱赶设备或养狗驱赶野猪。

建设配套设施的原则是办公室在前，工作室在后，有机肥沤制窖（池）在下风角落，蓄水池位于种植基地周边，根据水泵的扬程设立数个。有机肥沤制窖（池）、蓄水池上需加盖，上有牢固覆盖物，避免出现安全事故。

第4章　长白山区野生百合驯化栽培

百合原种杂交产生的新品种极其丰富，是园林领域推出新品种的优良种源。目前对百合的研究主要集中在分类学、繁殖及栽培生物学、细胞学、育种学等方面，在珍稀濒危种保护、新品种繁育、种群复壮等方面的研究尚需加强。长白山区百合在园林应用中具有重要科研价值，通过引种、栽培、驯化、迁地保护等研究，对长白山区百合的种源扩繁及开发利用提供技术支持，既可以带动林区群众发展百合产业，增加林副特产收入，又能与世界百合研究进行广泛合作与交流。

长白山区野生百合品种虽然分布海拔差距较大，但是集中引种驯化后大多数品种的长势均好于野生状态。在引种驯化过程中首先应对采集品种的原生地进行调查，内容包括土壤、海拔、伴生植物、湿度、郁闭度、坡度、坡向、经纬度等；其次，在引入试验地栽培过程中应先进行仿生栽培，然后逐渐驯化适应人工栽培，这是长白山区野生百合引种驯化的必经之路。

4.1　背景资料

4.1.1　长白山区野生百合分布

对长白山区野生百合种类的调查结果显示，长白山自然保护区周边百合品种有毛百合、有斑百合、大花卷丹、大花百合、卷丹、垂花百合、东北百合，渥丹及渥金在资料中记载有野外分布，但如今已经难觅踪迹。大多数百合的分布海拔为300～1500m，以500～1000m分布量最大。野外自然分布的毛百合呈小群落分布，观赏效果较好；卷丹已经演变为种植品种，种源获取相对较易；朝鲜百合分布于辽宁省的丹东、凤城一带；山丹在辽宁省境内分布较多，吉林省的通化、白山、延边、吉林地区也有分布。

长白山区野生百合中毛百合、东北百合储量最多，有斑百合、垂花百合、山丹、大花卷丹、朝鲜百合次之，大花百合、渥金、渥丹储量最低。卷丹的野生储量不多，但是园艺栽培种源非常丰富。储量低的百合生长原生地都具有特殊性：大花百合多生长于湿地、墩状草甸上，单株生长，种子落地后容易掉入积水中，致使种子无生长条件；山丹、垂花百合多生长于具有缓坡、易排涝、伴生植物相对稀疏的林缘、山坡，立地条件的特殊性形成了窄地域分布特性。调查时发现朝鲜百合、大花卷丹野生种源稀少；渥金、渥丹未见种源。长白山区野生百合的生长习性如表 4-1 所示。

表 4-1　长白山区野生百合生长习性

种名	分布海拔 /m	野外分布	花冠颜色	花期 / 月	储量	光照需求	生长特点
毛百合	300～1700	山坡、草地、林缘、灌丛	橙红色或红色，有蓝色斑点	6～7	高	喜阳	喜肥、耐旱
有斑百合	100～900	山坡、草地、林缘、灌丛	花背片上有紫色斑点	6～7	中	喜阳、散射光	喜肥、空气湿度大
大花百合	400～900	林缘、草甸、湿地	红色或橙红色	6～7	低	散射光	喜散射光、湿地
卷丹	300～800	山坡、林缘、草地	橙红色，有紫色斑点	8～9	高	喜阳	喜肥、耐旱、喜土壤干燥
朝鲜百合	100～800	山坡、灌丛及柞林间	红色，有黑色斑点	6～7	低	喜阳	耐旱、喜土壤干燥
大花卷丹	300～900	草甸、林缘、沟谷	红色，有紫色斑点	7～8	低	喜阳	喜肥、耐旱、耐强光
山丹	300～1000	山地、草地、林缘、林下	鲜红色、无斑点	6～7	低	喜阳、散射光	耐旱、pH 中性或弱碱性
垂花百合	300～1000	山坡、灌丛、草地	粉红色，下部有紫色斑点	7～8	低	喜阳、散射光	喜散射光、空气湿度大
东北百合	300～1500	山坡、林下、林缘、草地	橙红色、有紫色斑点	7～8	中	散射光	喜散射光、空气湿度大

4.1.2　东北地区百合属植物检索表

东北地区百合基本分布在长白山脉范围内，根据东北植物检索表的记录，东北地区共有野生百合 13 种（含变种）。

百合属 Lilium

1. 花直立，花被片稍外弯或不弯；雄蕊向中心靠拢。

2. 花被片长 7（6）～9cm；子房连同花柱长 5（4）～6cm，花柱长为子房的 2 倍或更多；叶基部常有一簇白绵毛；生林缘、山坡草地、草甸；产黑龙江、吉林、辽宁、内蒙古 …………………………………………… 毛百合 *L. dauricum*

2. 花被片长 2.5～5.5cm；子房连同花柱长 1.4～3.5（4）cm，花柱比子房短或近等长；叶基部无一簇白绵毛。

   3. 花被片长 2.5～4cm，红色，无紫色斑点；子房连同花柱长约 1.7（1.4～2.2）cm；叶宽 3～6mm，背面通常无毛；生山坡草地、灌丛间；产辽宁 ……………………………… 渥丹 *L. concolor*（有斑百合 *L. var. buschianum*，花被片红色、有紫色斑点，花梗有斑点或不明显以至无斑点；渥金 *L. var. coridion*，花被片黄色，具紫色斑点）

   3. 花被片长 4～5.5cm，具紫色斑点；子房连同花柱长约 3.5（3～4）cm；叶宽 4～10mm，背面沿脉有短糙毛；生湿草甸、草地；产吉林 …………………………………………………… 大花百合 *L. megalanthum*

1. 花下垂或倾斜，花被片反卷；雄蕊向外伸展。

  4. 叶互生；鳞茎的鳞片无节。

    5. 茎上部叶腋具珠芽，并生有白色绵毛；花橙红色，具紫黑色斑点；生山坡、林缘、草地；产吉林、辽宁 ………………… 卷丹 *L. lancifolium*

    5. 茎上部叶腋无珠芽。

      6. 叶狭披针形、披针形至长圆形。

       7. 植株具白色硬毛，花梗也具硬毛；花被片长 3.5～5.5cm；生山坡、灌丛间及柞林内；产辽宁 ………………… 朝鲜百合 *L. amabile*

       7. 植株通常无毛，花梗光滑；花被片长 5～8cm，有流苏状突起；生草甸、林缘、沟谷砂质地；产吉林、辽宁 ………………………………………………… 大花卷丹 *L. leichtlinii* var. *maximowiczii*

      6. 叶线形或狭线形。

       8. 花柱比子房短；苞片 2 枚（有时 1 枚），顶端明显加厚（胼胝体）；生山坡、草甸、林缘；产黑龙江、辽宁 ………… 条叶百合 *L. callosum*

       8. 花柱比子房长 0.5～1 倍或更多；苞片 1 枚，顶端不增厚或微增厚。

        9. 花鲜红色，通常无斑点（偶有少数斑点）；叶长 4～7（9）cm，宽 0.5～1.5（2）mm，通常散生于茎中部；生山坡草地、草甸、草甸草原及林缘；产黑龙江、吉林、辽宁、内蒙古 …… 山丹 *L. pumilum*

        9. 花粉红色，具紫色斑点；叶长 7（4）～18cm，宽 1～4mm，多生于茎中上部；生山坡灌丛或草丛中；产吉林、辽宁 ………………………………………………………………… 垂花百合 *L. cernuum*

4. 叶轮生；鳞茎的鳞片具节或无节。

10. 轮生叶 1 轮；鳞茎的鳞片具节；花橙红色；生林缘、草丛、林下；产黑龙江、吉林、辽宁 ······························ 东北百合 *L. distichum*

10. 轮生叶 2～3 轮；鳞茎的鳞片无节；花橙黄色；生于林缘及林内；产吉林 ································· 竹叶百合 *L. hansonii*

注：引自傅沛云，1995；产地仅列出我国东北地区

4.1.3　引种栽培地简介

长白山区野生百合引种栽培地位于长白山自然保护区头道管理站的 3 林班 6 小班，北纬 42°22′49.28″～北纬 42°23′01.13″，东经 128°01′19.14″～东经 128°01′31.53″；海拔 764m。年平均气温 4.8℃，5～8 月份平均气温分别为 11.6℃、15.9℃、22.2℃、18.5℃，极端最高气温 36.7℃，最冷的 1 月份平均气温 –18.5℃，极端最低气温为 –42.6℃，无霜期 112～142d，年降雨量 518～857mm；平均湿度在 64% 以上；全年日照时间为 2281～2454h。

4.2　毛百合

4.2.1　形态学特征

多年生草本，高 30～150cm。鳞茎白色，扁圆形，径 2～4cm，鳞片覆瓦状排列，披针形或倒披针形，长 1～1.5cm，宽 0.5～1cm，近中部有节。茎直立，有条棱，幼时有稀疏白色丛卷毛，后脱落。叶互生，茎上部轮生，无柄，平滑或有色丛卷毛；叶片披针状长条形，长 7～14cm，宽 5～8mm，有 3～5 脉。花直立，单生于茎顶，橙红色；花梗及花蕾外面常有白色绵毛；外轮花被 3，倒披针形，长 3～6cm，有时可达 8cm，外面有白色绵毛，有紫色斑点；蜜腺旁边有深紫色的乳头突起；内轮花被片 3，较外轮为窄；雄蕊 6，比花被片短，花丝无毛，花药红色；雌蕊 1，与雄蕊近等长。蒴果直立长圆状倒卵形，基部狭，长 3.5～4cm，宽约 2cm，有钝棱，3 瓣裂。花期 6～7 月，果期 8～9 月。

4.2.2　分布与习性

国内分布于东北地区，国外分布于朝鲜、日本、蒙古和俄罗斯。长白山区分布于海拔低于 1500m 的林缘、山坡、草地、灌丛中。

毛百合生长期间喜光、耐寒，喜土层深厚、肥沃、湿润不积水、富含有机质的砂质土壤或森林腐殖土，具有耐旱怕涝的特点，忌连作及田园黏土。对气候要求不严格，耐寒能力强，生长温度 8～30℃，适宜生长温度 15～25℃，是长白山区百合品种中萌芽及开花最早的品种。在高温多湿气候条件下生长不良，易发生

多种病害，严重时导致叶完全干枯及地上茎完全死亡，鳞茎处理后第二年可重新生长。毛百合对光的要求相对不严，充足阳光可以优质生长，半荫状态下也可生长，弱光状态下生长不良，花色不正、呈泛白状，易徒长。生长期怕涝，花期喜人工滴灌水，较耐风吹雨淋。

4.2.3 物候特征

土壤 20cm 处地温达到 0℃ 时毛百合鳞茎即发芽，此期间毛百合生长所需的营养主要靠地下鳞茎贮藏的养分来供应。生长至 5 月下旬，鳞片的营养已基本耗尽，种球逐渐萎缩，此时地上叶片开始进行光合作用，6 月上旬鳞茎直径又呈增长趋势，形成新生长锥。6 月中旬～8 月中旬鳞茎直径增长最快，7 月中旬新生长锥已完全形成，位于鳞茎中央，8 月中旬后鳞茎直径增长缓慢，9 月中旬鳞茎停止增长，10 月末毛百合地下鳞茎进入休眠状态。

长白山区毛百合地上茎在 4 月下旬萌芽，5 月下旬现蕾，单花育蕾 18d，单花期 11d，最大花径 18cm。6 月上旬初花，7 月中旬末花，8 月中旬种子成熟。毛百合生长物候特征如表 4-2 和图 4-1 所示。

表 4-2　长白山区毛百合生长物候特征

日期/(月-日)	生长期	苗高/cm	日期/(月-日)	生长期	苗高/cm	日期/(月-日)	生长期	苗高/cm	日期/(月-日)	生长期	苗高/cm	日期/(月-日)	生长期	苗高/cm
04-22	a	a	05-03	b	6.5	06-03	c★	84	07-01	c++	126	08-02	d	126
04-29	b	5	05-06	b	9	06-07	c+	91	07-05	c++	126	08-05	d	126
			05-10	c	11	06-10	c+	99	07-08	c++	126	08-09	d	126
			05-13	c	36	06-14	c++	110	07-12	c++	126	08-12	d	126
			05-17	c	47	06-17	c++	119	07-15	c+++	126	08-16	e	126
			05-20	c	56	06-21	c++	123	07-19	c+++	126	08-19	e	126
			05-24	c	62	06-24	c++	126	07-22	d	126	08-23	e	126
			05-27	c★	68	06-28	c++	126	07-26	d	126	08-26	e	126
			05-31	c★	75				07-29	d	126			

注：①物候监测生长 3 年苗，监测 5 株，监测 3 年，数据取平均值；②a.萌芽，b.展叶，c.生长，★.蕾期，d.种子形成期，e.种子成熟期，+.初花，++.盛花，+++.末花；③单花期 11d，最大花径 18cm

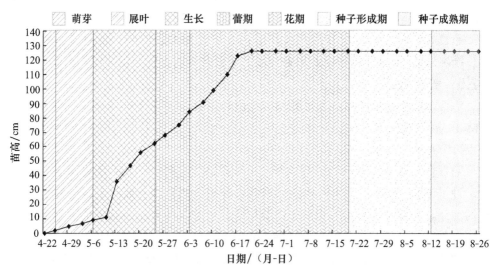

图 4-1　长白山区毛百合生长期苗高变化图

可以看出，毛百合蕾期 8d，群花期 41d，种子形成至成熟期 26d。生长旺盛期从 5 月中旬至初花期结束，进入盛花期后毛百合生长缓慢，6 月下旬停止生长，进入种子成熟期。

毛百合在长白山区分布广泛，海拔对毛百合生长及物候影响较大，海拔低的地方群花期长，反之则短。异地栽培毛百合特别是鲜切花种植（温室大棚）时，应参照物候表图合理制订种植计划，尽量避免损失。

4.2.4　利用价值

4.2.4.1　杂交育种

毛百合抗寒性强，是百合属中通过杂交育种培育抗寒品种的优良亲本之一。由于株型挺拔高大，适于做切花类型的杂交亲本。目前已经有与有斑百合、麝香百合、'布鲁拉诺'（栽培种）等品种杂交成功的报道。

4.2.4.2　观赏

毛百合花朵硕大红艳，呈钟花状向上开放且茎挺拔，花序耐风吹雨淋，是长白山区野生百合中用于鲜切花最好的品种之一，也可用于花坛、花境组合，是园林绿化佳品。

4.2.4.3　药用

民间也用毛百合代替卷丹入药，《长白山植物药志》记载国外用毛百合鳞片治脓肿、骨折、烧伤及冻伤等；地上部分鲜时局部应用，可促进外伤愈合，有收敛作用；花可治肺病。药用须遵医嘱。

4.2.4.4 食用

毛百合鳞片众多，可食用部位产量高，富含糖类、淀粉、蛋白质、胡萝卜素、维生素 B_1 等营养成分，系滋补佳品。毛百合同时是优质蜜源植物。

4.2.5 繁育技术

毛百合可用有性繁殖和无性繁殖方法进行繁育。

4.2.5.1 有性繁殖

（1）种子采收及处理

毛百合的种子极易获取，有性繁殖可以获得大量种子。花后蒴果形成大量种子，种子饱满，8月中旬果壳成熟后采收，存放于纸袋内。此时毛百合种子千粒重约7.5g。人工栽培时毛百合种子明显好于野外自然生长，从蒴果形态到千粒重有较大差异，野外毛百合种子千粒重4.6～6g。

种子越冬有两种方法。一是12月初将种子用0.02%高锰酸钾溶液浸泡20min，然后放入清水中浸泡20min，与3倍细河沙混合，收入木箱或花盆中，上下各覆2cm细河沙，河沙须用水浸润，以用手握起成团而不滴水为宜。入贮藏室贮藏，贮藏室温度在0～5℃，湿度在70%～80%。另一种方法是将干燥种子冬季存放于室外，经自然低温后于春季用60℃水浸泡24h后直接播种即可。

（2）整地与播种

于上年秋季深翻土壤，结合整地每亩施入有机肥1500～2000kg、过磷酸钙25kg、豆饼50kg，并按说明施入敌克松可湿性粉剂进行土壤消毒。次年早春做长10m、宽1m、高0.2m、作业道50cm的畦，也可于春季种植前使用必速灭广谱土壤消毒剂（棉隆）进行土壤消毒。必速灭广谱土壤消毒剂具有诱杀虫、菌、杂草的功效，功效强大、消毒效果好、土壤中无残留，对百合根腐病、枯萎病、立枯病、黑腐病等病害及地下害虫、线虫、杂草等具有较好的防治效果，特别在温室土壤消毒、盆栽基质消毒时可以有效减少连作产生的病虫害。使用剂量为250g/m²，结合施肥，用旋耕机旋耕土壤20cm深，用塑料薄膜密封土壤，密封时间视空气温度而定，在10℃时须30d，15℃时20d，20℃时15d，25℃时13d。如果是新地块或病菌少的田地，使用普通土壤消毒剂即可，因为必速灭广谱土壤消毒剂的消毒成本比较高。

长白山区5月份进行种植，行距20cm、深5cm开沟，将种子均匀撒入沟中，每行播种50～100粒，覆土盖草帘保湿，定期检查，土壤偏干时需向草帘喷水。5月中旬出苗，出苗后撤掉草帘，及时进行中耕除草、病虫害防治。秋季霜后即可分栽定植。毛百合播种繁殖需2～3年方能开花。毛百合生长2年即有长势好的种苗现蕾，须摘掉花蕾利于培养鳞茎。

4.2.5.2　无性繁殖

（1）鳞片扦插法

长白山区在秋季或次年春季毛百合未萌芽之前，将 3 年生毛百合挖出进行轮作，结合轮作，对种球进行筛选，剔除干枯萎缩、腐烂及有病斑的鳞片，将鳞片从外围逐层剥下，剥离鳞片约占种球三分之一，每个鳞茎可获取鳞片 20～50 枚，将鳞片放入高锰酸钾 1000 倍液浸泡 20min，取出后用清水浸泡 20min，稍晾晒，表皮干后进行扦插。在备好的畦面上按行距 20cm、深 5～8cm 开沟，鳞片株距 5cm，凹面向上斜插入沟内，上覆细土，盖草帘保湿。由于与轮作同步进行，春季扦插时鳞片在土壤中前期遇低温，不生长发育，待地温稳定超过 10℃时鳞片才会发育生根。秋季结合鳞茎收获开展扦插繁殖，鳞片在土壤中生长、发芽成种苗，此时种苗既不出土又不脱离鳞片，入冬后休眠。

毛百合鳞片扦插成活率与鳞片大小的关系不大，但是外围大鳞片在生根后的生长过程中优势明显。在同等管理条件下，大鳞片种苗长势优于小鳞片。

（2）鳞片集中育苗法

还有一种鳞片集中育苗法。鳞片获取与消毒方法同前，准备一个木箱，细河沙过筛后用高锰酸钾溶液消毒，先在容器底部铺 5cm 厚河沙，将晾晒好的鳞片均匀摆放，间隙 2cm，然后覆 5cm 细河沙，浇透水后，控制水不滴出，摆放到培养箱或温室大棚中催芽。温度控制在 20℃左右，10d 左右即可发芽，然后移入苗床即可。30d 左右鳞片基部内侧分化出幼苗，当年生根，苗期管理同有性繁殖。

4.2.5.3　移栽

毛百合的种植地点最好是新开垦的生地，如果是农田，可与豆科或禾本科植物进行轮作。地需平整或略有坡度，于上年秋季深翻土壤，结合整地每亩施入有机肥 1500～2000kg，并按说明施入敌克松可湿性粉剂进行土壤消毒，翌年早春做畦。移栽时间以秋季为佳，地上部分干枯后开始移栽，此时平均气温 15～20℃，能促进鳞茎形成较好根系，次年出苗整齐。移栽株行距 20cm×20cm，开沟栽培，上覆 8cm 细土。

4.2.5.4　田间管理

春季苗出齐后，进行第一次中耕除草，7 月进行第二次中耕除草，结合除草每亩施过磷酸钙 15kg，氮、磷、钾等量复合肥 20kg，开沟施入。除非旱情较重，毛百合不需要人工浇水。蕾期持续干旱影响花芽分化时进行浇水，浇水用喷灌或滴灌，禁止漫灌。毛百合田间管理 3 年相同，第 3 年初夏开花，夏末秋初时鳞茎收获。

4.2.5.5　病虫害防治

野生状态下毛百合病虫害不明显，引种栽培后病害较为突出，多数病害与降雨、阴天有关，晴天病害少，连雨天则易产生病害。毛百合的病虫害防治措施如下：每 3 年进行轮作；春季用 10% 苯醚甲环唑可湿性粉剂 1500 倍液加 40% 乐果乳油 2000 倍液喷雾，10d 1 次，连续 3 次；有机肥与无机肥均衡使用，不能偏施氮肥；鳞茎移栽前用 0.02% 高锰酸钾溶液浸泡 20min，之后用清水浸泡 20min；鳞茎出现病害后及时挖出处理，遗穴用生石灰或五氯硝基苯消毒隔离，3 年内不栽种百合属植物；秋季清园，清理地上残枝。

4.3 卷丹

4.3.1 形态学特征

多年生草本，高 1～1.5m。鳞茎卵圆状球形，高 2～6cm，直径 5～8cm，白色。茎直立，淡紫色，叶互生，披针形至条状披针形，无柄，长 5～20cm，宽 1～2cm，向上渐小呈苞片状，具 5～7 脉，叶腋具有珠芽，中上部较多。珠芽卵圆形或近球形，直径约 1cm，黑紫色。花 3～10 朵排成总状花序或圆锥花序；花下垂，橙红色，花梗长 4～12cm；苞片位于花梗中下部，叶状，卵状披针形，长 1～3cm，宽 4～7mm；花被片 6，披针形反卷，内面密生紫黑色斑点；雄蕊 6，短于花被，向四外开张，花丝钻形，长 5～7cm，橙红或淡红色；花药长圆形，长 1.3～2.2cm，紫色；子房圆柱形，长 1.4～2cm，宽 2～3mm，花柱与花丝同色，长 4～6.5cm，柱头紫色，稍膨大，3 裂。蒴果长卵形，长 3～4cm，种子多数。花期 7～8 月，果期 9～10 月。

4.3.2 分布与习性

卷丹是百合栽培历史悠久的品种之一，国内大部分省市均有分布，国外分布于日本、朝鲜。

卷丹为秋植鳞茎植物，夏季短休眠后，秋季萌芽形成基生莲座丛，新芽不生长出地表，鳞茎以休眠方式越冬，第二年春季萌发并快速生长。气温低于 10℃时生长受到抑制，幼苗在气温低于 3℃时易受冻害，气温低于 5℃或高于 30℃时停止生长，夜温低于 5℃持续 5～7d 时，花芽分化及花蕾形成受到严重影响，出现盲花、花裂现象。5～6 月为干物质积累期，8 月下旬～9 月上旬茎叶进入枯萎期，鳞茎成熟，花谢后进入休眠期。卷丹是长白山区百合开花最晚的品种。

卷丹喜排水良好、土层深厚、肥沃、富含有机质的砂质土壤或森林腐殖土，忌田园黏土。喜酸性至微酸性土壤，弱碱性或石灰岩土也可生长，忌连作。对气候要求不严格，耐寒能力强，生长温度 10～30℃，适宜生长温度为 20～28℃。卷丹具有耐旱怕涝特点，在高温多湿气候条件下生长不良，易发生多种病害，严重时导致当年地上茎完全死亡，鳞茎处理后第二年可继续生长。卷丹对光的要求相对不严，充足阳光可以优质生长，散射光也可生长，弱光状态下生长不良，易徒长，生长期忌涝，花期喜人工滴灌水，中等风雨易将花瓣吹落。

4.3.3　物候特征

卷丹生长物候特征如表 4-3 和图 4-2 所示。可以看出，卷丹蕾期 63d，群花期 40d，生长旺盛期从 5 月中旬至 8 月上旬蕾期结束，进入花期后停止生长。

4.3.4　利用价值

4.3.4.1　杂交育种

卷丹为卷瓣花型，抗寒性极强，花红色，是百合属中通过杂交育种培育抗寒品种的优质种源之一。由于株型挺拔高大，适于做切花类型的杂交亲本。

4.3.4.2　观赏

卷丹花朵硕大红艳，茎挺拔，可做鲜切花，也可用于花坛、花境组合，是园林绿化佳品。

4.3.4.3　药用

卷丹是我国传统的中药材，《中国药典》记载卷丹肉质鳞片可入药。性平微寒，具有滋养润肺、止咳、清热提神、利尿等功效。现代医学研究证明卷丹含有百合苷、秋水仙碱、碳水化合物、维生素 B_1 和 B_2、维生素 C 及果胶、谷氨酸、精氨酸、天冬氨酸等多种成分，有益气补血、提高人体免疫力的功效，可治疗多种疾病。药用须遵医嘱。

4.3.4.4　食用

卷丹鳞片肥厚且产量多，味甜清香、略有苦味，富含淀粉、蛋白质，集补品、入药、食用价值于一身，由于产量可以满足市场需求，发展前景极为广阔。卷丹同时是优质蜜源植物。

4.3.5　繁育技术

南方栽培卷丹可以获取种子，并且是主要繁殖方法之一。在长白山区，花后不易形成种子，繁殖方法主要是珠芽及鳞片繁殖。珠芽繁殖在生产上是获取种源的主要方法之一，只要在初次种植时种源准备充足，可以满足扩大生产时对种源的需要。

4.3.5.1　珠芽繁殖法

珠芽是卷丹地上茎叶腋间产生的气生鳞茎，是肉质芽，同时是一种变态芽。珠芽在夏季形成，夏末时将成熟的珠芽陆续采收，避免由于风吹落入地下。采收后与湿河沙混合，贮藏于背阴凉爽处，待珠芽全部采收后，秋季进行种植。

珠芽的大小与卷丹的管理程度成正比，卷丹生长过程中肥料充足、管理精细、无病虫害，则珠芽较大，直径可达 1～2cm，最大 2.5cm，小的珠芽也

表 4-3　长白山区卷丹生长物候特征

日期/(月-日)	生长期	苗高/cm	日期/(月-日)	生长期	苗高/cm	日期/(月-日)	生长期	苗高/cm	日期/(月-日)	生长期	苗高/cm	日期/(月-日)	生长期	苗高/cm	日期/(月-日)	生长期	苗高/cm
04-12	a		05-03	b	17	06-03	c★	54	07-01	c★	105	08-02	c★	151	09-02	d+++	157
04-15	b	8	05-06	b	18	06-07	c★	60	07-05	c★	112	08-05	c+	157	09-06	d+++	157
04-19	b	9	05-10	b	20	06-10	c★	64	07-08	c★	121	08-09	++	157	09-09	d+++	157
04-22	b	11	05-13	c	22	06-14	c★	70	07-12	c★	122	08-12	++	157	09-13	d+++	157
04-26	b	13	05-17	c	27	06-17	c★	75	07-15	c★	123	08-16	++	157			
04-29	b	15	05-20	c	30	06-21	c★	79	07-19	c★	130	08-19	++	157			
			05-24	c	39	06-24	c★	82	07-22	c★	137	08-23	++	157			
			05-27	c	46	06-28	c★	94	07-26	c★	141	08-26	++	157			
			05-31	c★	50				07-29	c★	144	08-30	d++	157			

注：① 物候监测生长 3 年苗，监测 5 株，监测 3 年，数据取平均值；② a.萌芽，b.展叶，c.生长，d.种子形成成期，e.种子成熟期，+.初花，++.盛花，+++.末花，★.蕾期；③ 单花期 8d，最大花径 16cm

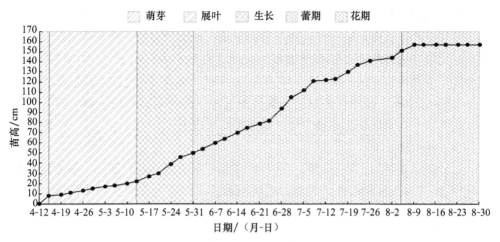

图 4-2　长白山区卷丹生长苗高变化图

有 0.3～0.5cm。播种用的珠芽直径规格在 0.5cm 以上，以直径每增加 0.5cm 为一个等级标准进行播种，这样出苗均匀，易于苗期管理。以收集质优、量大的珠芽为目的时，在卷丹形成花蕾时应及时将花蕾摘除，对珠芽的个体增大具有质的提高。

　　播种前先进行土壤消毒，消毒方法因地制宜，可用 90% 敌克松可湿性粉剂按说明进行消毒。消毒效果最好的是必速灭广谱土壤消毒剂（棉隆），如果是新地块或病菌少的田地，使用普通土壤消毒剂即可，必速灭广谱土壤消毒剂的使用方法参照毛百合。消毒后，做长 10～20m、宽 1～1.2m、高 20cm、作业道 50cm的畦。珠芽全部采收后即进行播种，可撒播、条播、点播。撒播用种量较大，优点是节约用地，缺点是锄草费工，播种过密时个体易争抢肥料，生长空间不足会影响鳞茎发育，易导致鳞茎等级不均，生长 1 年后需挖出鳞茎移栽。条播的优点是用种量较少，苗期易除草及管理，缺点与撒播相同。点播是最精确的播种方法，按种球大小分级播种，株行距 5cm×20cm，播种深度 5cm，覆土后盖草帘，第二年春季出苗后撤去草帘，常规管理至秋季。点播的优点是管理精细、种球生长均匀，缺点是前期占用土地较多。生产上这 3 个种植方法可因地制宜使用。

　　撒播或条播种植的卷丹，次年秋季需进行分栽，栽培时鳞茎以 50g 为标准，低于 50g 重新种植培养，50g 以上鳞茎按株行距 20cm×20cm 做畦种植。点播种植可以在原地生长两年，到秋季根据长势可以完全移栽，也可以每隔两个鳞茎保留一个鳞茎原地生长到收获，另外两个鳞茎在初秋移栽。卷丹珠芽繁殖法，须生长 3 年才能收获种球。

4.3.5.2　无性繁殖

无性繁殖包括鳞心繁殖、大鳞茎分株繁殖、小鳞茎繁殖、鳞片扦插等。鳞心繁殖、大鳞茎分株繁殖、小鳞茎繁殖的优点是在生产中栽培 1～2 年即可作为商品出售，节约种植时间，缺点是种源扩繁速度慢。小磷茎繁殖法可获取卷丹总繁殖量 20% 的种源。鳞片扦插繁殖获取种源量大，是使用最多的种源扩繁方法之一，缺点是生长周期长，栽培 3 年方可作为商品出售。

（1）鳞心繁殖

卷丹栽培 3 年后，秋季对鳞茎进行收获加工时将鳞片环剥加工，保留鳞茎心部直径 3～5cm，将鳞心作为种源，随剥随栽，次年即可收获高品质商品。鳞心繁殖不可无序使用，连续种植 3～5 年（次）后须弃用。

（2）大鳞茎分株繁殖

卷丹是百合品种中繁殖数量较多的品种之一，具有鳞茎质量好、病害少、鳞茎规格相对统一的优点，而且鳞茎在收获后多数会产生 3～8 个鳞茎，鳞茎的产生与种植周期及肥料相关联，种植时间长、管理精细，则产生鳞茎多、长势优，反之则少、小。在鳞茎生长过程中，无论产生多少鳞茎，均围绕鳞茎聚合。大鳞茎分株繁殖鳞茎种源较大，种植时减少二年培育环节，当年秋季栽培，次年即可收获商品种球。

（3）小鳞茎繁殖

卷丹收获时，每个商品鳞茎周围生长众多小鳞茎，将小鳞茎收集后剔除病、残个体，栽培到提前做好的畦内，栽培株行距 10cm×20cm、深 5～8cm，次年春季出苗。生长一年后挖出，进行分级种植，种球在 50g 以上的作为种源，50g 以下按上述方法继续培养 1 年。通过精细管理，大多数卷丹种球能达到 50g。

（4）鳞片扦插繁殖

1）常规扦插法。常规扦插法是卷丹无性繁殖使用最多的方法之一，秋季卷丹收获时，用利刃将基部切掉，或从外围开始逐层剥取鳞片，去掉外层黄病斑、萎缩鳞片，每个卷丹可以环剥 3～5 层作为种源，继续环剥 1～2 层可用于百合干、粉等产品加工，留下鳞心作为种球栽培。鳞片剥取后用 0.02% 高锰酸钾溶液浸泡 20min，然后用清水浸泡 20min，也可用多菌灵、克菌丹等杀菌剂按说明进行鳞片消毒，消毒后捞出沥干备用。用 1000ppm 的吲哚丁酸（IBA）浸鳞片基部 5～8s，具有促进鳞片发根、出苗率高、出苗整齐的作用。

土壤消毒与做畦参照珠芽繁殖法进行，做长 10～20m、宽 1～1.2s、高 20cm、作业道 50cm 的畦，将鳞片按株行距 5cm×20cm、深 5cm 凹面向上斜插入基质内，扦插后覆土。卷丹畦面设计是通过田间栽培试验得出的最佳比例，畦高 20cm 可以最佳控制土壤水源，雨季可以迅速排水，作业道 50cm 方便工人锄草及施肥操作，在连续阴雨气候时还可有效阻止病虫害借风雨大面积传播及暴发。

秋季扦插后温度 20℃左右时，20～30d 鳞茎愈伤组织即可分化出 1～2 个小鳞茎，当年生根，次年春季萌发幼芽。秋季鳞茎直径长到 3～5cm，此时进行分拣，达到 50g 的种球移入大田栽培，小于 50g 的重新培养 1 年，此时 80% 以上鳞茎的重量均超过 50g。

2）箱式集中育苗法。这种方法适用于大面积种植时种球的快速扩繁，只要培养室温度达到要求即可扦插。容器可用塑料花盆、木箱等。容器长 60～80cm、宽 40cm，底部须有排水孔。基质以森林腐殖土最佳，农田土加 50% 珍珠岩或蛭石，用敌克松可湿性粉剂按说明消毒。箱底先铺 5cm 基质，然后摆一层消毒后的鳞片，铺 5cm 基质后摆放一层鳞片，每个容器可摆放 4～6 层，最后覆盖 5cm 基质，浇透水，上覆报纸保湿。插入温度计观察箱温，箱间保持距离。将扦插箱放入 20～25℃温室内培养 8～12 周，其间注意检查，控制基质湿度在 60%～70%，偏干浇水，偏湿则通风。12 周后（鳞片发芽生根后），室内温度降到 17℃左右。待形成小鳞茎后移入大田栽培。箱式集中育苗法扦插鳞片前须预留移栽地，北方地区须计算好移栽时间与春季相吻合，否则无法及时移栽农田，造成损失。卷丹箱内扦插种苗可以节约土地，生根后大田种植 2～3 年即可形成商品。

国外卷丹工厂化繁育时使用气培法促进鳞片生根，培养过程不需要栽培基质，卷丹鳞片剥伤维管束的薄壁细胞在剥伤刺激下恢复细胞分生能力，产生新的不定芽、根从而形成新种球（其他百合品种均可使用该方法），该项技术操作较为复杂，管理不善鳞片易腐烂。

4.3.6　田间管理

4.3.6.1　移栽定植

无论是有性繁殖还是无性繁殖，一般情况下卷丹生长至秋季时均须移栽定植，在定植前参照珠芽繁殖法进行整地，整地前每亩施入发酵后的有机肥 1500～2000kg，过磷酸钙 25kg，饼肥 50kg，通过旋耕机随整地做畦均匀施入土壤中。

秋季将鳞茎从苗床挖出，筛选 50g 以上的鳞茎作为种球定植，小于 50g 的小鳞茎重新按育苗方法培养 1 年，次年使用。鳞茎晾晒 5～7d 进行栽培，栽培前用 50% 多菌灵可湿性粉剂 500 倍液或 20% 氢氧化钙溶液浸种 15～30min，晾干后栽培。株行距 20cm×20cm。亩用种量 300～400kg。覆土 8cm，长白山区的栽培时间以 9 月初为宜，此时昼夜温差在 12℃以上，可以促进卷丹形成较好根系。

4.3.6.2　中耕除草及施肥

中耕除草与施肥相结合，可以减少工作环节，降低管理成本。每年中耕除草

2～3次，夏季雨水频繁时须增加松土次数，目的是防止杂草借雨水快速繁殖，且可避免雨后土壤板结。

长白山区第一次追肥宜在6月初，结合锄草每亩施入氮、磷、钾等量复合肥25kg，过磷酸钙20kg，豆饼50kg。第二次于7月中旬，结合锄草施入有机肥500～1000kg或施氮、磷、钾等量复合肥25kg，过磷酸钙25kg，豆饼50kg。另外，在苗生长至50cm及蕾期时须喷施叶面肥，结合喷施叶面肥加入预防病虫害的药物，可以有效提高卷丹生长质量并减少病虫害发生。配方为富尔655叶面肥1000倍液加10%苯醚甲环唑可湿性粉剂1500倍液加40%乐果乳油2000倍液，叶面喷雾。

4.3.6.3 提高鳞茎质量的方法

具体方法包括：①注意天气预报、预警，对霜灾、连雨、久旱要引起足够重视并采取有效防范措施；②控制好卷丹的病虫害发生及危害情况；③在卷丹珠芽形成及花蕾形成时，在留够种源的前提下，将珠芽及花蕾及时摘除，减少不必要的养分消耗；④科学施肥，不偏施复合肥及氮肥。

4.3.7 病虫害防治

卷丹生长期间叶片易得干枯病，必须主动防治。该病发病在叶面，病源在土壤，在鳞茎移栽前应用0.02%高锰酸钾溶液浸泡20min，之后用清水浸泡20min。株高生长至20cm时用50%恶霉灵可湿性粉剂3000倍液灌根，7～10d 1次，灌根方法是将药液兑好后放入喷雾器，将喷头拧下，利用压力向根部注药液，每个鳞茎灌注药液50g左右。春季用10%苯醚甲环唑可湿性粉剂1500倍液加40%乐果乳油2000倍液喷雾，10d 1次，连续3次。秋季清园，清理地面枯枝。贮藏期间注意通风及鳞茎消毒。

4.3.8 采收加工

卷丹于定植第2年的秋季收获（生长3年），地上部分枯萎后即进行，此时既可以收获商品鳞茎，又结合轮作给茎生小鳞茎的栽培提供了充足时间。收获后及时分拣等级并清洗鳞茎，进行初加工，加工方法参照本书第9章相关内容。

4.4 有斑百合

4.4.1 形态学特征

多年生草本，鳞茎卵状球形，高2～3.5cm，直径2～3.5cm。鳞片卵形或卵状披针形，长2～2.5（3.5）cm，宽1～1.5（3）cm，白色，鳞茎上方茎上有根。茎高30～50cm，少数近基部带紫色，有小乳头状突起。叶散生，条形，长3.5～7cm，宽3～6mm，脉3～7条，边缘有小乳头状突起，两面无毛。花

1～5朵排成近伞形或总状花序，花梗长1.2～4.5cm；花直立，星状开展，深红色，无斑点，有光泽；花被片矩圆状披针形，长2.2～4cm，宽4～7mm，蜜腺两边具乳头状突起；雄蕊向中心靠拢；花丝长1.8～2cm，无毛，花药长矩圆形，长约7mm；子房圆柱形，长1～1.2cm，宽2.5～3mm；花柱稍短于子房，柱头稍膨大。蒴果矩圆形，长3～3.5cm，宽2～2.2cm。花期6～7月，果期8～9月。

4.4.2 分布与习性

国内分布于黑龙江、吉林、辽宁、内蒙古、河北、山东、山西等省（自治区），国外分布于朝鲜、俄罗斯等地。有斑百合生长于海拔500～2200m的山坡、草甸、沟谷、林缘等地，在长白山区分布于山坡、草地及疏林湿地。喜散射光，强光也可生长，喜土层肥沃。排水良好富含有机质的森林腐殖土或砂质土壤，野生种源较少，是需要保护的品种。有斑百合生长期间喜昼夜温差大，生长温度10～30℃，适宜生长温度18～28℃，喜空气湿度大、土壤湿润不积水的环境。

4.4.3 物候特征

有斑百合在长白山区的物候特征如表4-4和图4-3所示。

表4-4　长白山区有斑百合生长物候表

日期/（月-日）	生长期	苗高/cm	日期/（月-日）	生长期	苗高/cm	日期/（月-日）	生长期	苗高/cm	日期/（月-日）	生长期	苗高/cm	日期/（月-日）	生长期	苗高/cm
04-29	a	a	05-03	a	1	06-03	c★	51	07-01	c++	109	08-02	d	122
			05-06	a	2	06-07	c★	59	07-05	c++	116	08-05	d	122
			05-10	a	5.5	06-10	c★	65	07-08	c++	122	08-09	e	122
			05-13	ab	8	06-14	c★	72	07-12	++	122			
			05-17	ab	12	06-17	c★	78	07-15	+++	122			
			05-20	ab	15	06-21	c★	80	07-19	+++	122			
			05-24	ab	17	06-24	c★	81	07-22	+++	122			
			05-27	ab	19	06-28	c+	96	07-26	d	122			
			05-31	c	37				07-29	d	122			

注：①物候监测生长3年苗，监测5株，监测3年，数据取平均值；②a. 萌芽，b. 展叶，c. 生长，★. 蕾期，d. 种子形成期，e. 种子成熟期，+. 初花，++. 盛花，+++. 末花；③初花期快速生长，主要是蕾膨大，单花径9.5cm，单花期7d

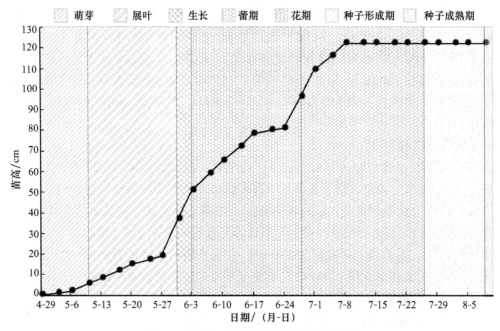

图 4-3　长白山区有斑百合生长苗高变化图

可以看出，长白山区 5 月上、中旬为有斑百合的苗期，苗期生长较缓慢，快速生长期在 5 月下旬～6 月，其中蕾期也是快速生长期，有斑百合花蕾生长时间 21d 以上，盛花期逐渐停止生长，群花期 25d。种子 8 月中旬成熟，此时种子千粒重 3.59g。

4.4.4　利用价值

4.4.4.1　杂交育种

有斑百合抗寒与抗病优势较突出，作为亲本被广泛应用于杂交育种。毛百合与有斑百合杂交具有较高的亲和性，有文献报道已杂交成功。

4.4.4.2　观赏

有斑百合株型落落大方、花朵鲜艳、群花观赏效果极佳，花序耐风吹雨淋，花朵初开时具有幼鸟张嘴待哺的意境，是长白山区野生百合中用于鲜切花最好的品种之一。可用于园林绿化，花坛、花境置景，也可用于鲜切花。

4.4.4.3　药用

民间用有斑百合花及鳞茎代替卷丹入药，具有接骨、治外伤、去黄水、清热解毒、止咳、止血等功效。药用须遵医嘱。

4.4.4.4　食用

有斑百合鳞茎可食，富含糖类、淀粉、蛋白质、胡萝卜素、维生素 B_1 等营养成分，系滋补佳品。有斑百合同时是优质蜜源植物。

4.4.5　繁育技术

有斑百合可用有性繁殖和无性繁殖进行繁育，参照毛百合的繁育方法进行。

4.4.6　病虫害防治

有斑百合病虫害多数与降雨、阴晴天气有关。发现病虫害应尽早诊断、治疗，避免大面积暴发导致重大损失。有斑百合的病虫害预防重于治疗，防治措施如下：每 3 年进行轮作；春季用 10% 苯醚甲环唑可湿性粉剂 1500 倍液加 40% 乐果乳油 2000 倍液喷雾，10d 1 次，连续 3 次；有机肥与无机肥均衡使用，不偏施氮肥；鳞茎出现病害时及时挖出处理，遗穴用生石灰或五氯硝基苯消毒隔离，3 年内不栽种百合属植物；秋季清园，清理地面枯枝。

有斑百合生长期间鳞片易退化、腐烂，必须主动防治。预防方法是在鳞茎移栽前用 0.02% 高锰酸钾溶液浸泡 20min，之后用清水浸泡 20min；生长至 20cm 时用 50% 恶霉灵可湿性粉剂 3000 倍液灌根，7～10d 1 次，每个鳞茎灌注药液 50g 左右。有斑百合生长 3 年后须进行轮作，种球在贮藏期间注意通风及鳞茎消毒。

4.5　大花百合

4.5.1　形态学特征

多年生草本。鳞茎球形，高 2～3cm。茎直立，高 30～80cm，常具白色绵毛。叶散生，长形，长 5～9cm，宽 5～11mm，背面脉上有短糙毛，边缘有小乳头状突起。花数朵排成伞形或总状花序，花梗直立，长 2～6cm；苞片叶状，长 1～3cm；花红色或橙红色，具紫色斑色，有光泽；花被片长圆形，不反卷，长 4～5.5cm，宽 8～15mm，先端钝；蜜腺两边具乳头状突起或流苏状突起；雄蕊 6，向中心靠拢；花丝长 1.5～2.5cm，无毛，花药长圆形，长 7～10mm，子房圆柱形，长 1.5～2.5cm，宽 2.5～3mm；花柱比子房短或近等长，柱头稍膨大。蒴果长圆形。花期 6～7 月，果期 8～9 月。

4.5.2　分布与习性

国内分布于吉林、黑龙江、河南、河北、山东、山西、陕西等省，国外分布于俄罗斯、非洲（东北部）、亚洲（东部、东南部）、澳大利亚（亚热带地区）。长白山区零星分布，生长于海拔 400～900m 的湿地、草甸。数量稀少，需要重点保护。

野生大花百合生长期间喜光，喜湿润，耐寒，喜肥沃、湿润的腐殖质性土壤，忌田园黏土。长白山区早春低温可正常生长。野外生长时与同自身等高或相近高度的杂草、草甸相伴为生。是长白山区鳞茎不惧水浸的仅有品种，生长较有特色，具有较高研究价值。大花百合对光的要求不严，散射光下生长良好，充足阳光可以生长，弱光状态下株型纤细，易徒长、倒伏，喜人工滴灌水，花较耐风吹雨淋。大花百合生长期间，鳞茎发芽后在土壤中进行一段横向生长后再出土生长（根茎横走），地下茎横走长度与鳞茎大小、土壤肥力相关，鳞茎小、土壤肥力弱则生长短、细，鳞茎大、土壤肥力强生长则长、粗。

4.5.3 物候特征

大花百合在长白山区的物候特征如表 4-5 和图 4-4 所示。

表 4-5 长白山区大花百合生长物候表

日期/（月-日）	生长期	苗高/cm	日期/（月-日）	生长期	苗高/cm	日期/（月-日）	生长期	苗高/cm	日期/（月-日）	生长期	苗高/cm	日期/（月-日）	生长期	苗高/cm
04-26	a	a	05-03	ab	7	06-03	c	21	07-01	c++	47	08-02	d	53
04-29	ab	6	05-06	ab	8	06-07	c	22	07-05	c++	51	08-05	d	53
			05-10	ab	11	06-10	c	23	07-08	c++	53	08-09	d	53
			05-13	ab	13	06-14	c	25	07-12	++	53	08-12	d	53
			05-17	ab	13	06-17	c★	26	07-15	+++	53	08-16	e	53
			05-20	ab	13	06-21	c★	34	07-19	d+++	53			
			05-24	ab	17	06-24	c★	40	07-22	d	53			
			05-27	ab	19	06-28	c+	44	07-26	d	53			
			05-31	ab	20				07-29	d	53			

注：①物候监测生长3年苗，监测5株，监测3年，数据取平均值；②a.萌芽，b.展叶，c.生长，★.蕾期，d.种子形成期，e.种子成熟期，+.初花，++.盛花，+++.末花；③单花期6～12d，单花径9.5cm

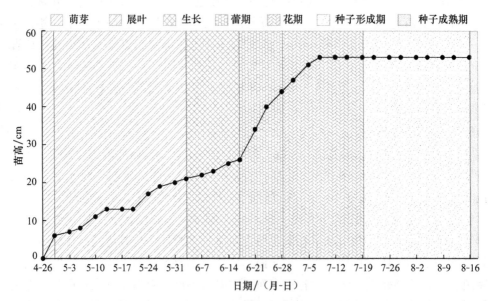

图 4-4 长白山区大花百合生长苗高变化图

可以看出，大花百合在长白山区 4 月下旬萌芽，生长 53d 后现蕾，蕾期至盛花期生长快速，盛花期逐渐停止生长。大花百合生长第三年现花。种子采收于 8 月中旬，种子千粒重约 5.0g。

4.5.4 利用价值

大花百合花朵鲜红艳丽，端庄秀雅，群花观赏效果突出，适宜作为切花。可用于湖畔、池边及浅水处绿化，也可与其他草本花卉配置花坛、花境，观赏效果极其醒目。大花百合同时是优质蜜源植物。

4.5.5 繁育技术

大花百合可通过有性、无性方法进行繁殖。有性繁殖方法参照毛百合，无性繁殖主要采用鳞片扦插法，参照卷丹。大花百合由于果实较小、种子量少、鳞茎较小，鳞片扦插时可获取的种源仅有 5～10 个鳞片，是长白山区百合品种扩繁较慢的品种之一。

大花百合种植第一、二年需遮阴 50%，第三年春季在全光条件下生长，由于株型纤细须建网格固定，否则易倒伏，网格离地面 40～50cm，网眼与大花百合种植密度吻合，网线须绷直，待大花百合穿过网眼后用绳固定，起到较好的观赏效果。大花百合忌重肥，肥力大小在生长期及花期作用明显，蕾期叶面施肥效果显著，可以提高花朵质量，起到增色、增大的效果。生长两年的大花百合在科学管理的前提下会现蕾，此时须及时摘除，否则影响鳞茎生长。中耕除草、施肥等其他田间管理方法参照卷丹。

4.5.6 病虫害防治

大花百合病虫害发生部位地下鳞茎多于地上部分，生长期易发生外部鳞片腐烂，必须以预防为主。春季萌芽到现蕾前每隔 10～15d 用 50% 恶霉灵可湿性粉剂 3000 倍液灌根，7～10d 一次，每个鳞茎灌注药液 50g 左右。大花百合如果不进行病虫害防治，将会在很短时间内（一个生长季节）毁灭性死亡，必须引起足够重视并积极扩繁种源。大花百合生长 3 年后须轮作。

4.6 朝鲜百合

4.6.1 形态学特征

多年生草本，高 40～100cm。鳞茎卵形，高 3～4.5cm，直径 2～3cm；鳞片多数，复瓦状排列，披针形或狭卵形，长 1.5～3cm，宽 1～1.5cm，先端尖，白色。茎圆柱形，淡绿色，密被白色、反折的短硬毛。叶互生，密集，长圆状披针形或披针形，长 3～9cm，宽 0.5～1.5cm，两面密被白色短硬毛，有 3～4 脉，基部无柄，先端尖或稍钝，边缘具弯曲的短纤毛。花 1～6 朵，排成总状花序或近伞形花序，花梗长 2.5～5cm，被白色短硬毛，近顶端处下弯；苞片 1～2 枚，叶状，长 1～2.5cm，宽 0.3～1cm，先端渐尖或稍厚，被白色短硬毛，花冠红色，具黑色斑点，下垂；花被片 6，两轮排列，外轮披针形，基部狭，内轮卵状披针形，基部有爪和小沟，长 3.5～5.5cm，宽 1～1.6cm，蜜腺两边具黑紫色乳头状突起；雄蕊 6，花丝钻状，长 2～4cm，无毛，花药长圆形，长 5～10mm，黑色；子房长圆形，长约 1cm，具棱，花柱长 2～2.5cm，比子房长（为子房的 2 倍以上），柱头稍分裂，淡红色。蒴果倒卵形或椭圆形，长 2～3cm，宽 1.5～1.8cm，直立，顶端凹。花期 6～7 月，果期 8～9 月。

4.6.2 分布与习性

朝鲜百合国内主要分布于辽宁省丹东、凤城地区，国外朝鲜也有分布。野生于山坡、灌丛及柞林间，喜湿润，喜光，喜肥沃、富含腐殖质、排水良好的土壤。

4.6.3 物候特征

朝鲜百合在长白山区的生长物候特征如表 4-6 和图 4-5 所示。

表 4-6　长白山区朝鲜百合生长物候特征

日期/（月-日）	生长期	苗高/cm	日期/（月-日）	生长期	苗高/cm	日期/（月-日）	生长期	苗高/cm	日期/（月-日）	生长期	苗高/cm	日期/（月-日）	生长期	苗高/cm
05-08	a		06-02	c	16.5	07-03	c★+	49	08-04	e	51	09-01	e	51
05-12	b	2	06-05	c	18	07-07	c★++	51	08-07	e	51	09-04	e	51
05-15	b	4	06-09	c	21	07-10	++	51	08-11	e	51	09-08	e	51
05-19	b	6	06-12	c	24.5	07-14	++	51	08-14	e	51	09-11	e	51
05-22	b	8	06-16	c	30	07-17	++	51	08-18	e	51	09-15	e	51
05-26	b	10	06-19	c	34	07-21	+++	51	08-21	e	51	09-18	e	51
05-29	b	13	06-23	c	38.5	07-24	e	51	08-25	e	51	09-22	e	51
			06-26	c★	41.5	07-28	e	51	08-28	e	51	09-25	e	51
			06-30	c★	46.5	07-31	e	51						

注：①物候监测生长 3 年苗，监测 5 株，监测 3 年，数据取平均值；②a. 萌芽，b. 展叶，c. 生长，★. 蕾期，d. 种子形成期，e. 种子成熟期，+. 初花，++. 盛花，+++. 末花；③单花径 8.8cm，单花期 8d

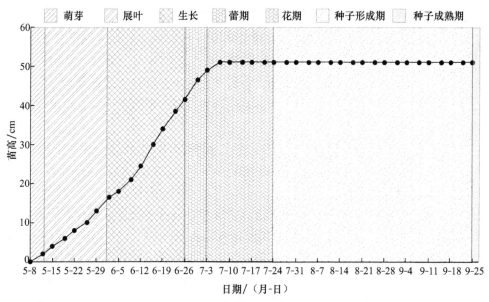

图 4-5　长白山区朝鲜百合生长苗高变化图

可以看出，长白山区朝鲜百合 5 月中旬～6 月上旬为苗期，苗期生长较平衡，进入 6 月为生长期，此阶段朝鲜百合快速生长，7 月初进入蕾期并逐渐停止生长，蕾期较短，只有 15d 左右，群花期约 20d。朝鲜百合种子 9 月下旬成熟，种子形成后至成熟时间长达 60d，此时种子千粒重约 3.70g。

4.6.4　利用价值

朝鲜百合人工栽培时花朵娇艳，群花观赏时高雅、大方、醒目，株型挺拔，不易倒伏，雨后或清晨空气清新时，花朵上挂着露珠，晶莹剔透，观赏效果极佳。由于株型高矮适中、花与叶比例合理，5～10 株丛植于花坛、花镜中央时观赏效果极佳，有着超雅脱俗的意境。朝鲜百合也可应用于鲜切花。

朝鲜百合抗寒与抗病性优势明显，作为亲本可广泛应用于杂交育种。但是由于种源稀少，影响了科学研究及开发应用。民间用朝鲜百合入药，药用须遵医嘱。朝鲜百合鳞茎可食，只是野生状态下种源较少，无法达到一定产量。民间采挖破坏资源情况严重。秋、冬季野猪寻觅取食，也导致野生种源持续减少。亟待加强朝鲜百合野生资源保护。

4.6.5　繁育技术

朝鲜百合繁殖以有性繁殖和无性繁殖为主。朝鲜百合种子具有后熟特性，野生状态下种子不易成熟，人工栽培时蒴果开裂后采收，须进行后熟处理。12 月初将种子用 0.02% 高锰酸钾溶液浸泡 20min，然后放入清水中浸泡 20min，与

3 倍细河沙混合，收入木箱或花盆中，上下各覆 2cm 细河沙，河沙须用水浸润，以用手握起成团而不滴水为宜。入贮藏室贮藏，贮藏室温度在 0～5℃，湿度在 70%～80%，次年春季播种即可。无性繁殖主要是鳞茎（片）繁殖，繁殖方法有鳞片扦插、小鳞茎繁殖、鳞心繁殖等，繁殖方法参照卷丹。朝鲜百合无论是有性繁殖还是无性繁殖，繁殖系数均较低，通过科学种植、精细管理，可以有效增加种群数量。

田间管理与卷丹基本相同，生长第二年，朝鲜百合开始现蕾，须将花蕾摘除，可以更好地培养鳞茎，利于第三年开花观赏。朝鲜百合生长 3 年后须轮作。

4.6.6 病虫害防治

朝鲜百合病害多于虫害，在栽培过程中按照以下方法操作，可有效预防病虫害：每 3 年进行 1 次轮作；春季用 10% 苯醚甲环唑 1500 倍液加 40% 乐果乳油 2000 倍液喷雾，每 10d 1 次，连续喷施 3 次；施用有机肥前必须充分堆积发酵腐熟；种球移栽前用 0.02% 高锰酸钾溶液浸泡 20min，再用清水浸泡 20min；种球发生病害后及时挖出销毁，病穴用五氯硝基苯或生石灰隔离，3 年内不栽培百合属植物；秋季清除枯枝落叶。

4.7 大花卷丹

4.7.1 生物学特征

多年生草本，鳞茎近球形，高 3～4cm，宽约 4cm，白色。先端尖，茎直立，高 0.5～2.5m，下部有紫色斑点，具小乳头状突起，叶散生，窄披针形，长 3～10cm，宽 0.6～1.2cm，叶腋间不具珠芽。花 2～10 朵排成总状花序，少有单花，花梗长 10～15cm，近顶端下弯，光滑或具白棉毛；苞片 1～2，叶状，披针形或卵状披针形，长 4～7.5cm，宽 0.8～1cm；花下垂，红色，具紫色斑点，花被片 6，披针形，长 4.5～7cm，宽 0.9～2cm，反卷，蜜腺两边有乳头状突起；雄蕊 6，向外张开，花丝长 3～4cm，花药长 1～1.2cm，红褐色，雄蕊四面张开，雌蕊比雄蕊短或近等长；子房圆柱形，1.2～1.5cm，宽 2～3mm，花柱长 3cm，柱头 3 裂。蒴果椭圆形，长约 3cm。花期 7～8 月，果期 8～9 月。

4.7.2 分布与习性

国内分布于东北、华北、陕西等，长白山区分布于海拔 300～900m 的荒山、草地、沟谷、林缘。国外分布于朝鲜、日本、俄罗斯等地。

野生大花卷丹植株纤细，人工栽培状态下与卷丹的生物学特征相似，不同之处在于大花卷丹叶腋间不具珠芽，花红色，有紫色斑点，花期较卷丹早，植株生长高度在科学管理时较卷丹高 30～150cm。野生状态下耐阴，生长瘦弱，人工栽培时喜阳、喜肥，喜土层深厚、排水良好的微酸性土壤。大花卷丹与长白山区其他百合品种的不同之处主要是株型高大，园艺栽培生长 3 年后可达 2.5m 以上。

4.7.3　物候特征

大花卷丹在长白山区的生长物候特征如表 4-7 和图 4-6 所示。

表 4-7　长白山区大花卷丹生长物候表

日期/（月-日）	生长期	苗高/cm	日期/（月-日）	生长期	苗高/cm	日期/（月-日）	生长期	苗高/cm	日期/（月-日）	生长期	苗高/cm	日期/（月-日）	生长期	苗高/cm	日期/（月-日）	生长期	苗高/cm
04-29	a	a	05-03	a	17	06-03	c	82	07-01	c★	150	08-02	++	225	09-02	e	225
			05-06	b	18	06-07	c	93	07-05	c★	166	08-05	++	225	09-06	e	225
			05-10	b	20	06-10	c★	102	07-08	c★	182	08-09	++	225	09-09	e	225
			05-13	c	22	06-14	c★	107	07-12	c★	192	08-12	++	225	09-13	e	225
			05-17	c	27	06-17	c★	110	07-15	c★	210	08-16	++	225	09-16	e	225
			05-20	c	30	06-21	c★	116	07-19	c★	212	08-19	d+++	225	09-20	e	225
			05-24	c	54	06-24	c★	120	07-22	c★	214	08-23	d	225	09-23	e	225
			05-27	c	62	06-28	c★	137	07-26	c+	220	08-26	d	225	09-27	e	225
			05-31	c	73				07-29	c+	225	08-30	e	225			

注：① 物候监测生长 3 年苗，监测 5 株，监测 3 年，数据取平均值；② a.萌芽，b.展叶，c.生长，★.蕾期，d.种子形成期，e.种子成熟期，+.初花，++.盛花，+++.末花；③ 单花径 9.5cm，单花期 11d

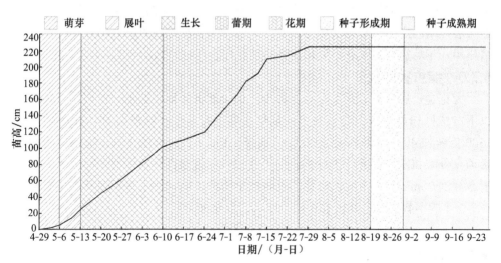

图 4-6　长白山区大花卷丹生长苗高变化图

可以看出，长白山区 5 月上旬为苗期，苗期生长较缓慢，大花卷丹快速生长期在 5 月中旬至蕾期，种子形成初期逐渐停止生长。蕾生长时间长达 43d，群花期 25d 以上。种子 9 月下旬成熟，此时种子千粒重约 3.70g。

4.7.4　利用价值

大花卷丹是长白山区百合株型最高大的品种，人工栽培时花朵硕大、娇艳，群花栽培时高雅、大方、醒目。由于株型较高，5～10 株丛植于花坛、花境中央，花序众多醒目，是鲜切花佳品。大花卷丹抗寒与抗病优势较突出，可作为亲本应用于杂交育种。

大花卷丹鳞茎可食，只是野生状态下种源较少且鳞茎较小，无法达到一定产量，秋、冬季野猪也寻觅取食，导致野生种源持续减少，亟待加强野生资源保护。大花卷丹是优质蜜源植物。民间用大花卷丹鳞茎入药，药用须遵医嘱。

4.7.5　繁育技术

大花卷丹繁殖以有性繁殖和无性繁殖为主。大花卷丹有性繁殖时种子处理及种植方法参照毛百合。无性繁殖主要是鳞茎（片）繁殖，繁殖方法有鳞片扦插、小鳞茎繁殖、鳞心繁殖，方法参照卷丹。大花卷丹具有根茎横走特征，土壤内横走的茎上生长有较多小鳞茎，这是长白山区其他百合品种没有的特征，也是扩繁的好种源。无论是有性繁殖还是无性繁殖，通过科学种植、精细管理，都可以有效增加种群数量、满足种群扩繁需求。

大花卷丹田间管理与卷丹基本相同，由于大花卷丹茎在土壤中横走一段，出土后茎较细，因此在前两年生长期用网架绑缚固定，网架高 60～80cm，网眼与种植密度吻合，网线需绷直，待大花卷丹穿过网眼后用绿色丝裂绳绑缚，必要时加两层绑缚固定。生长第二年有现蕾，此时须将蕾摘除以更好地培养鳞茎，利于第三年开花观赏。大花卷丹生长 3 年后须轮作。

4.7.6　病虫害防治

大花卷丹病虫害较其他百合品种少，但仍然需要重视防治。在栽培过程按照以下方法操作可有效预防病虫害：栽培 3 年进行轮作；春季用 10% 苯醚甲环唑 1500 倍液加 40% 乐果乳油 2000 倍液喷雾，10d 1 次，连续 3 次；施用有机肥前必须充分堆积发酵腐熟；种球移栽前用 0.02% 高锰酸钾溶液浸泡 20min 后，再用清水浸泡 20min；鳞茎发生病害后及时挖出销毁，病穴用五氯硝基苯或生石灰隔离，3 年内不栽培百合属植物；秋季及时清除枯枝落叶。

4.8　山丹

4.8.1　形态特征

多年生草本，高 30～120cm。鳞茎卵形或圆锥形，高 2～4.5cm，宽 1.5～4cm，白色，鳞片矩圆形或长卵形，长 2～3.5cm，宽 1～1.5cm，外层鳞片呈膜质。茎直立，圆柱形。叶线形，散生于茎中部，长 3～12cm，宽 1～3mm，叶片 80～120 枚，中脉下面突出，边缘有乳头状突起。花单生或数朵排成顶生总状花序，花色鲜红，无斑点或少有斑点，下垂；花梗长 2～5cm，顶端下弯；苞片 1～3 枚，叶状，长 1.3cm，宽 1～2mm，花被片反卷，长 3～4.5cm，宽 0.5～1.1cm，蜜腺两边有乳头状突起；雄蕊向外伸展，花丝长 1.2～3cm，无毛，花药长椭圆形，背部着生，长 0.7～1.3cm，黄色，花粉红色；子房圆柱形，长 0.7～1cm，花柱稍长于子房或 1 倍，长 1～1.6cm，柱头膨大，茎 5mm，3 裂。蒴果长圆形，长 2cm，宽 1.2～1.8cm。长白山区花期 6～7 月，果期 8～9 月。

4.8.2　分布与习性

山丹野生分布范围广泛，国内分布于黑龙江、吉林、辽宁、内蒙古、河北、河南、山西、陕西、宁夏、山东、青海、甘肃等地，广布于海拔 300～2600m 的山坡、草地、林缘及疏林内，长白山区分布于海拔 300～900m 的干燥砾石地、山坡、岩石缝隙中。国外分布于朝鲜、蒙古、俄罗斯等地。

山丹喜土层深厚、疏松、肥沃、湿润、排水良好的砂质土壤、腐殖土，弱碱性土壤也能生长。强光及散射光均生长良好，喜空气湿度大但土壤相对干燥的环境。

4.8.3　物候特征

山丹在长白山区的生长物候特征如表 4-8 和图 4-7 所示。

表 4-8　长白山区山丹生长物候表

日期/（月-日）	生长期	苗高/cm	日期/（月-日）	生长期	苗高/cm	日期/（月-日）	生长期	苗高/cm	日期/（月-日）	生长期	苗高/cm	日期/（月-日）	生长期	苗高/cm
04-29	a	a	05-03	a	2	06-03	c★	78	07-01	c++	110	08-02	d	112
			05-06	ab	5	06-07	c★	78	07-05	c++	111	08-05	d	112
			05-10	ab	8.5	06-10	c+	78	07-08	c+++	112	08-09	d	112
			05-13	ab	11	06-14	c+	85	07-12	+++	112	08-12	d	112
			05-17	c	26	06-17	c++	90	07-15	+++	112			
			05-20	c	30	06-21	c++	99	07-19	+++	112			
			05-24	c	37	06-24	c++	106	07-22	d	112			
			05-27	★	42	06-28	c++	108	07-26	d	112			
			05-31	★	61				07-29	d	112			

注：①物候监测生长 3 年苗，监测 5 株，监测 3 年，数据取平均值；②a.萌芽，b.展叶，c.生长，★.蕾期，d.种子形成期，e.种子成熟期，+.初花，++.盛花，+++.末花；③单花径 6cm，单花期 10d

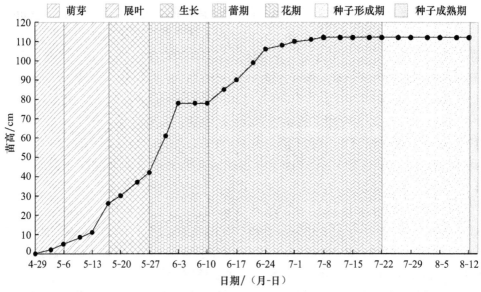

图 4-7　长白山区山丹生长苗高变化图

可以看出，长白山区 5 月初萌芽，5 月下旬现蕾，山丹生长至初花期前 10d
生长缓慢，初花期有一个快速生长期，主要是花序生长并形成。群花期 40d。
8 月中旬种子形成。种子千粒重 5.25g。

4.8.4　利用价值

山丹人工栽培时群花观赏效果极佳，《山丹丹开花红艳艳》是陕北地区悠久
的民歌，歌词中的"山丹"即指野生山丹，历史上对百合的文学记载及诗词多以
山丹为赞誉对象。山丹株型坚挺不易折断，叶呈针状，观赏效果独特。花朵娇
艳，耐风吹雨淋，是杂交育种的重要亲本。山丹抗寒耐旱，可用于培育抗寒耐旱
的百合品种。花片含芳香油，可提取浸膏，用于香料。山丹是优质蜜源植物。民
间用鳞茎入药及食用，药用须遵医嘱。

4.8.5　繁育技术

山丹繁育可通过有性繁殖和无性繁殖栽培，两种方法均可获取优质种源，有
性繁殖较无性繁殖获取种源多。

4.8.5.1　有性繁殖

有性繁殖可以获得较多山丹种源，种子通常需暖温处理。8 月中旬种子成熟
后及时采收，存放于牛皮纸袋中。参照毛百合种子处理方法，也将种子干燥储存
到春季。长白山区 4 月下旬将种子置于 60℃温水中浸泡 24h 后进行播种；也可以
种子采收后于秋季播种，经过冬季雪水浸泡，满足种子后熟特性。于上一年秋季
深翻土壤整地、消毒、做畦，整地播种方法参照卷丹。

4.8.5.2　无性繁殖

无性繁殖指鳞片扦插繁殖，秋季取 3 年生鳞茎，将质量好的鳞茎稍晾晒，剔除病、残鳞片，将鳞片逐层剥下。由于山丹鳞茎较小，可用于扦插的鳞片数量较少，只能剥取 2～4 层，获取 3～10 枚鳞片。

鳞片可于初秋或春季扦插，先将鳞片剥取后晾晒 1 天，用 0.02% 高锰酸钾溶液浸泡 20min，取出后用清水浸泡 20min。在备好的畦面按株行距 5cm×20cm、深 5cm 开沟，凹面斜向上插于沟内，上覆细土，覆帘保湿。初夏形成小瘤状物突起，秋季会发出数条肉质根，次年春季出苗，苗期管理同卷丹。山丹扦插鳞片剥完后，将种球鳞心按卷丹鳞心栽培法进行栽培，次年生长至现蕾后摘除花蕾培养鳞茎，两年后即可现花并收获种球。

4.8.5.3　田间管理

田间管理与卷丹相同，小鳞茎栽培后次年现蕾，需及时摘除花蕾以培养鳞茎。山丹人工栽培时由于花序较多，易引起倒伏，在种植第 3 年春季可以架网固定，网高 60～80cm，网眼与山丹种植密度吻合，网线需绷直，待山丹穿过网眼后用绿色丝裂绳固定，起到较好观赏效果。

4.8.6　病虫害防治

山丹在长白山区不是广布种，种源较少，栽培过程中发现，其具有耐干旱、耐盐碱，有较强抗镰刀菌和叶枯病的特点。山丹耐热性强，长白山区栽培时间秋季好于春季，忌种植过深，种植后埋土 5～8cm 即可。

山丹病害主要发生在鳞茎，生长期间有从外向内腐烂的特点，雨季易发病，干旱时发病较少，须加强预防。贮藏期间根螨易危害鳞茎，贮藏室须通风干燥。鳞茎种植前注意消毒，生长过程中施肥时避免肥料与鳞茎直接接触。

4.9　垂花百合

4.9.1　形态学特征

多年生草本，鳞茎矩圆形或卵圆形，高约 4cm，直径约 4cm；鳞片披针形或卵形，白色。茎高 40～80cm，无毛。叶细条形，长 8～12cm，宽 2～4mm，先端渐尖，边缘稍反卷并有乳头状突起，中脉明显。总状花序有花 1～6 朵；苞片叶状，条形，长约 2cm，顶端不加厚；花梗长 6～18cm，直立，先端弯曲；花下垂，有香味；花被片披针形，反卷，长 3.5～4.5cm，宽 8～10mm，先端钝，淡紫红色，下部有深紫色斑点，蜜腺两边密生乳头状突起；花丝长约 2cm，无毛，花药长约 1.4 cm，黑紫色；子房圆柱形，长 8～10mm，宽约 2mm；花柱长 1.5～1.7 cm。花期 7 月。

4.9.2　分布与习性

垂花百合国内分布于东北地区，长白山区散生于海拔 300～1000m 的山坡、林下、林缘、草丛，数量稀少。国外分布于朝鲜、俄罗斯等地。

垂花百合生长于地势较高、具有坡度、疏松肥沃、排水良好的森林腐殖土壤，喜空气湿润、周边伴生环境清洁。垂花百合生长较有特色，是长白山区野生百合中唯一有香味的品种，也是长白山区百合中较难繁殖的品种之一。栽培时秋季种植好于春季，忌种植过深，种植后埋土 5～8cm 即可。生长过程中鳞片有易从外向内腐烂的特点，需注意防治，特别是肥料不能与鳞茎直接接触。

4.9.3　物候特征

垂花百合在长白山区的生长物候特征如表 4-9 和图 4-8 所示。

表 4-9　长白山区垂花百合生长物候特征

日期/(月-日)	生长期	苗高/cm	日期/(月-日)	生长期	苗高/cm	日期/(月-日)	生长期	苗高/cm	日期/(月-日)	生长期	苗高/cm	日期/(月-日)	生长期	苗高/cm
04-29	a	a	05-03	b	2	06-03	c★	38	07-01	c★	99	08-02	+++	123
			05-06	b	3.5	06-07	c★	40.5	07-05	c★	104	08-05	d	123
			05-10	b	6	06-10	c★	44	07-08	c★	107	08-09	d	123
			05-13	b	8	06-14	c★	56	07-12	c+	115	08-12	d	123
			05-17	c	18	06-17	c★	66	07-15	c+	121	08-16	d	123
			05-20	c	34	06-21	c★	74	07-19	c++	122	08-19	d	123
			05-24	c	35	06-24	c★	81	07-22	c++	123	08-23	d	123
			05-27	c★	36	06-28	c★	92	07-26	++	123	08-26	e	123
			05-31	c★	37				07-29	++	123			

注：① 物候监测生长 3 年苗，监测 5 株，监测 3 年，数据取平均值；② a.萌芽，b.展叶，c.生长，★.蕾期，d.种子形成期，e.种子成熟期，+.初花，++.盛花，+++.末花；③ 单花径 9.1cm，单花期 8d

可以看出，长白山区垂花百合 4 月下旬萌芽，5 月下旬现蕾，7 月中旬初花，8 月下旬种子成熟。垂花百合在长白山区有两个快速生长期：第一个是在 5 月中旬，10d 内生长 30cm 左右；第二个在 6 月中旬～7 月上旬，30d 内生长 60cm 左右。蕾期长达 43d，群花期 22d，种子形成至成熟期需 22d。蕾期是垂花百合的生长旺盛期，进入花期后停止生长，逐渐进入种子期。试验地所在地区 5～8 月份平均气温分别为 11.6℃、15.9℃、22.2℃、18.5℃，根据气候特点显示垂花百合在 15～20℃时完成生长。7 月中旬进入花期并逐渐停止生长，种子千粒重约 4.45g。

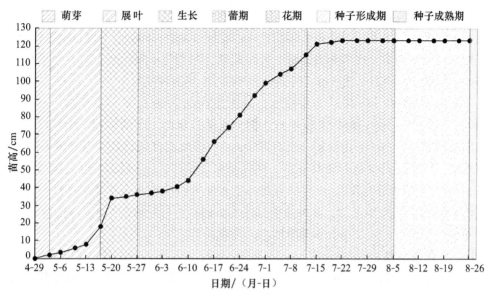

图 4-8　长白山区垂花百合生长苗高变化图

4.9.4　利用价值

4.9.4.1　杂交育种

　　垂花百合抗寒性强，是百合属中通过杂交育种培育抗寒品种的优良亲本之一。花色粉艳，适于作为切花类型的杂交亲本。其杂交的后代在稳定遗传基因后进行二次杂交可获取更多优质新品种。

4.9.4.2　观赏

　　垂花百合株形独特、清新秀丽、花朵众多、娇嫩粉艳，是园林绿化佳品，可用于花坛、花境绿化，或草坪中一穴多株栽培，起到清雅脱俗的观赏意境。花序较耐风吹雨水淋，是长白山区野生百合中用于鲜切花最好的品种之一。

4.9.4.3　食用及药用

　　垂花百合是优质蜜源植物。民间替代卷丹入药治疗疾病，药用须遵医嘱。

4.9.5　繁育技术

　　垂花百合可通过有性繁殖和无性繁殖方式进行繁育。

4.9.5.1　有性繁殖

　　（1）种子采收及处理

　　垂花百合花后可以获取种源，8 月下旬果壳微开裂时及时采收，种子处理参照毛百合。

（2）整地与播种

于秋季深翻土壤，结合整地每亩施入有机肥 2000～3000kg，并按说明施入敌克松进行土壤消毒，次年早春做畦。每亩施氮、磷、钾等量复合肥 25kg，过磷酸钙 15kg。做长 10～20m、宽 1m、高 20cm、作业道 50cm 的畦。

5 月初，将种子从贮藏室中取出，畦面按行距 20cm、深 5cm 开沟，将种子均匀撒入沟中，每行播种 50 粒左右，覆土盖草帘保湿，定期检查，土壤偏干时需向草帘喷水，5 月下旬出苗，出苗后距地面 1m 处立支架覆盖 50% 遮阴网，撤掉草帘。苗期要及时进行中耕除草，加强病虫害预防。1 年后即可分栽定植。垂花百合播种繁殖需生长 2～3 年后开花。生长较好的垂花百合 2 年生即现蕾，为了培养种球，须摘掉花蕾，此种繁殖方式的关键在于种子处理及苗期的遮阴，第一年应全年遮阴，第 2 年分株栽培时可不用遮阴。

4.9.5.2 无性繁殖

垂花百合无性繁殖即鳞片繁殖。垂花百合生长第三年初秋，结合轮作，选择生长健壮、无损伤、无病虫害的种球，切去基部，选取 1～3 层大鳞片，用 0.02% 高锰酸钾溶液浸泡 20min，后用清水浸泡 20min。在备好的畦面上按行距 20cm、株距 5cm、深 5cm 开沟，鳞片凹面斜向上插入沟内，上覆细土，盖草帘保湿，20d 左右即可从鳞片基部内侧分化出幼苗，当年生根，夏末苗出土。次年苗期管理同有性繁殖。

4.9.5.3 田间管理

垂花百合与长白山区其他百合品种的区别主要有两点：① 种球较小，株形娇嫩，是长白山区所有百合品种中最娇嫩的品种之一；② 生长期间易倾斜或倒伏，需根据生长特点制定田间管理规划。

次年春季出苗后进行第 1 次中耕除草，7 月中旬进行第 2 次中耕除草，结合除草，每亩施氮、磷、钾等量复合肥 25kg，过磷酸钙 15kg，开沟施入。第 3 次除草后，2 年生苗须立支架，避免倒伏。方法是畦四角立 50cm 高的支柱，四周用绳或铁丝连接，按栽培的株行距横纵编成网状，待垂花百合生长到网高后引导穿网生长，用细绳固定于网上。

4.9.6 病虫害防治

垂花百合的病害主要是茎腐病，危害鳞茎，发病后鳞茎基部或鳞片上产生褐色腐烂，沿鳞片向上扩展，染病鳞片从基部脱落，有时在外层鳞片上产生褐色病斑，地上部叶片黄化，病株矮小。病菌以菌丝体在种球内或以菌丝体及菌核随病残体在土壤中越冬，次年春季侵染球茎。该病常与其他病共发，连续阴雨天、带病菌鳞茎和污染的土壤是主要发病原因。

垂花百合的病害多于虫害，病虫害防治措施如下：每 3 年进行轮作；春季用 10% 苯醚甲环唑可湿性粉剂 1500 倍液加 40% 乐果乳油 2000 倍液喷雾，每 10d 1 次，连续 3 次；施用有机肥前必须充分堆积发酵；种球移栽前用 0.02% 高锰酸钾溶液浸泡 20min，之后用清水浸泡 20min；鳞茎出现病害后用 50% 土壤菌虫全杀可湿性粉剂 500 倍液灌根；秋季及时清除地上枯枝。

4.10　东北百合

4.10.1　形态学特征

多年生草本，鳞茎卵圆形，高 2.5～3cm，直径 3.5～4cm；鳞片披针形，长 1.5～2cm，宽 4～6mm，白色，有节。茎高 60～120cm，有小乳头状突起。叶 1 轮共 7～9（最多可至 20）枚生于茎中部，还有少数散生叶，倒卵状披针形或矩圆状披针形，长 8～15cm，宽 2～4cm，先端急尖或渐尖，下部渐狭，无毛。花 2～12 朵，排列成总状花序；苞片叶状，长 2～2.5cm，宽 3～6mm；花梗长 6～8cm；花淡橙红色，具紫红色斑点；花被片稍反卷，长 3.5～4.5cm，宽 6～1.3mm，蜜腺两边无乳头状突起；雄蕊比花被片短；花丝长 2～2.5cm，无毛，花药条形，长达 1cm；子房圆柱形，长 8～9mm，宽 2～3mm；花柱长约为子房的两倍，柱头球形，3 裂。蒴果倒卵形，长 2cm，宽 1.5cm。花期 7～8 月，果期 9 月。

4.10.2　分布与习性

国内分布于东北三省，生长于海拔 300～1500m 富含腐殖质的林缘、疏林、山坡、沟谷，长白山区海拔 500～1100m 的林缘、疏林分布较多。国外分布于朝鲜、俄罗斯等地。

东北百合喜疏松肥沃、排水良好的林下腐殖性土壤，忌强光，喜散射光，喜空气湿度大、土壤微润。人工栽培时生长前期易管理，中、后期易发病，是长白山区百合属中最难栽培及繁殖的品种之一。东北百合林下、林缘生长良好，栽培时须进行全年遮阴，生长期间全光下栽培，连雨天气易发生病害。

4.10.3　物候特征

东北百合在长白山区的物候特征如表 4-10 和图 4-9 所示。可以看出，东北百合在长白山区生长较为匀速，蕾期长达 43d，群花期 20d，种子形成至成熟期 22d。蕾期是生长旺盛期，7 月中旬进入花期，东北百合逐渐停止生长，进入种子成熟期。种子千粒重约 5.4g。

表 4-10　长白山区东北百合生长物候表

日期/(月-日)	生长期	苗高/cm	日期/(月-日)	生长期	苗高/cm	日期/(月-日)	生长期	苗高/cm	日期/(月-日)	生长期	苗高/cm	日期/(月-日)	生长期	苗高/cm
04-26	a	a	05-03	ab	13	06-03	c★	54	07-01	c★	68	08-02	++	104
04-29	ab	5	05-06	ab	19	06-07	c★	54	07-05	c★	71	08-05	++	104
			05-10	c	30	06-10	c★	54	07-08	c★	74	08-09	d+++	104
			05-13	c	40	06-14	c★	59	07-12	c★	83	08-12	d	104
			05-17	c	42	06-17	c★	63	07-15	c★	90	08-16	d	104
			05-20	c	46	06-21	c★	66	07-19	c+	92	08-19	d	104
			05-24	c	47	06-24	c★	68	07-22	c+	93	08-23	e	104
			05-27	c	50	06-28	c★	68	07-26	c++	99			
			05-31	c	52				07-29	c++	104			

注：① 物候监测生长 3 年苗，监测 5 株，监测 3 年，数据取平均值；② a. 萌芽，b. 展叶，c. 生长，★. 蕾期，d. 种子形成期，e. 种子成熟期，+. 初花，++. 盛花，+++. 末花；③ 单花径 10cm，单花期 10d

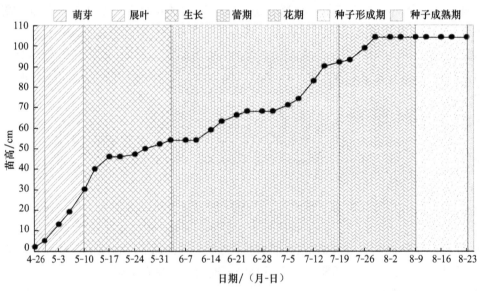

图 4-9　长白山区东北百合生长苗高变化图

4.10.4　利用价值

东北百合株型独特，挺拔健美，花型硕大雅致，花被橘红色，色美如彩球，栩栩如生，是园林绿化佳品。可栽培于林下灌木丛中，也可点缀于花坛中央一穴多株栽培，可起到清雅脱俗的效果。

4.10.5　繁育技术

东北百合繁殖以有性繁殖和无性繁殖为主。

4.10.5.1　有性繁殖

有性繁殖时东北百合的种子采收相对较易，长白山区 8 月末～9 月初种子成熟时进行采收，应注意野生东北百合在盛花期须进行野外调查并作醒目标记，否则秋季不易找寻种源。种子处理方法参照毛百合，种植整地参照卷丹。

4.10.5.2　无性繁殖

无性繁殖方法有鳞片扦插繁殖、小鳞茎繁殖、鳞心繁殖法，繁殖方法参照卷丹。

4.10.5.3　田间管理

东北百合喜空气湿度大、土壤排水良好的生长环境，出苗后需及时遮阴，雨后及时排水，否则病害多而重，严重时导致叶片干枯停止生长，开花不畅或盲花，重旱时喷灌浇水。东北百合人工栽培时须遮光 50%，否则生长不良。生长至第二年东北百合也有现蕾，此时须及时摘掉花蕾，以利培养鳞茎。东北百合栽培 3 年后须轮作。

4.10.5.4　盆栽法

东北百合由于株型优雅、叶片奇特、高矮适宜，可以进行盆栽观赏，方法如下。春季用 5 份田园土、2 份阔叶锯末（也可用粉碎的玉米棒或珍珠岩代替）、3 份干禽粪充分搅拌，用塑料布盖上发酵，中间翻料两次。选口径 30～40cm 的花盆，2 年生无损伤、无病害、生长发育好的鳞茎，鳞茎用 0.02% 高锰酸钾溶液消毒 20min，然后用清水浸泡 20min。取培养土按说明施入 75% 敌克松可湿性粉剂，充分搅拌后上盆。盆栽可一盆一株或一盆呈"品"字形 3 株，栽后浇水，东北百合盆栽时土壤喜湿怕涝，浇水时"见干见湿"，其他管理与地栽相同。

东北百合小鳞茎繁殖、鳞片扦插繁殖、鳞心繁殖及移栽、均以初秋为好。

4.10.6　病虫害防治

东北百合病害多、虫害少，多数病害与降雨、阴晴天气有关。发现病虫害时应早诊断、早治疗，避免大面积暴发病虫害，导致重大损失。东北百合病害严重时地上部分会毁灭性死亡，病菌随土壤及鳞茎传播迅速且严重，但鳞茎第二年可继续生长。常见有疫病、茎腐病等 8～10 种病害。

4.11　总结

长白山区野生百合多数品种在进行人工栽培时具有以下几点特性。

1）花、叶、鳞茎的生长明显优于野生状态，群花栽培可提高观赏效果。

2）可广泛应用于园林绿化及杂交育种，并可用于鲜切花。

3）生长过程各有特性：毛百合、卷丹、有斑百合强光下生长健壮；卷丹在蕾期叶片易自下而上干枯脱落，防治时须从幼苗开始；大花百合、大花卷丹苗出土前先在土壤中根茎横走，生长期间喜土壤湿润；大花卷丹株型高大，是长白山区最高的百合；朝鲜百合种子形成后至成熟时间长；山丹及垂花百合花期易倾斜或倒伏；东北百合生长期间需全年遮阴50%。

4）百合大多数病害症状在地上、病源在鳞茎，管理好鳞茎即可控制大多数百合病害的发生。

本章对长白山区百合的栽培技术以毛百合、卷丹为例进行详细介绍，其他百合品种简写，主要介绍了与毛百合、卷丹栽培技术的不同之处。如果种植毛百合、卷丹之外的其他品种，须通读本章。

第5章 百合常见病虫害及其他 危害类型的综合防治技术

5.1 百合常见病虫害及其他危害类型

5.1.1 病害

百合病害种类较多，发生时间和形式多样，植株和鳞茎均可染病。按受害部位可分为鳞茎病害、植株病害；按症状可分为腐烂型病害、斑点（块）或坏死型病害；按传播方式分为土壤传播、水源传播、空气传播、种源传播等病害；按致病因素分为侵染性病害和非侵染性病害，侵染性病害又分为细菌性病害、真菌性病害、病毒病害等。目前对百合病害的诊断及治疗主要依照发病类型。

5.1.1.1 真菌性病害

百合真菌性病害较多，病原物主要有鞭毛菌亚门（Mastigomycotina）、接合菌亚门（Zygomycotina）、子囊菌亚门（Ascomycotina）、担子菌亚门（Basidiomycotina）、半知菌亚门（Deuteromycotina）等真菌。症状多表现为地上部分枯萎、坏死、腐烂，叶片锈状、斑点化、畸形，地下鳞片萎蔫、变软、腐烂，严重时导致绝产，种植地丧失利用价值。

5.1.1.2 细菌性病害

细菌性病害的种类少于真菌性和病毒性病害。发病时主要表现为急性坏死，发病特征明显，地上部分出现斑点、枯焦、萎蔫等症状，地下鳞茎鳞片发黄、斑点性腐烂，从病斑中溢出黏液（菌脓）。

防治措施主要是在种植前进行土壤消毒，地上部位发病可根据病情配方施药，鳞茎发病多与潮湿、多雨、土壤过黏、排水不及时相关。植株无病斑状态下出现萎蔫时，应及时挖开鳞茎确定鳞片是否腐烂。治疗鳞片腐烂时将药液放于喷雾器内，将喷头摘下，利用喷管对根部灌药，还可以将农药混拌数倍细土成药土，将药土覆于地表，联合用药以防治病害。发病情况严重时地块不宜继续种植，做好轮作衔接。

5.1.1.3 病毒性病害

病毒性病害有多种，病毒寄生性强、致病力高、传染性快，能改变百合的正常代谢，使百合细胞内的核蛋白变为病毒核蛋白，受害植株出现系统性病变。目前已发现13种以上可感染百合的病毒（表5-1），其中6种病毒易在百合栽培时发生。

表 5-1　可感染百合的病毒种类

中文名	拉丁名	分类地位（属）
百合无症状病毒	Lily symptomless virus(LSV)	Carlavirus
柑橘碎叶病毒	Citrus tatter leaf virus (CTLV)	Capillovirus
黄瓜花叶病毒	Cucumber mosaic virus (CMV)	Cucumovirus
番茄不孕病毒	Tomato aspermy virus (TAV)	Cucumovirus
蚕豆萎蔫病毒	Broad bean wilt virus(BBWV)	Flavavirus
烟草环斑病毒	Tobacco ring spot virus (TRSV)	Nepovirus
南芥菜花叶病毒	Arabis mosaic nepo virus (ArMV)	Nepovirus
草莓潜环斑病毒	Strawberry latent ringspot virus (SLRV)	Nepovirus
百合环斑病毒	Tomato ring spot virus (TomRSV)	Nepovirus
百合斑驳病毒	Lily mottle virus(LMoV)	Potyvirus
郁金香碎色病毒	Tulip breaking virus (TBV)	Potyvirus
沃氏洋葱黄条纹病毒	Walsh onion yellow stripe virus (WOYSV)	Potyvirus
烟草脆裂病毒	Tobacco rattle virus (TRV)	Tobravirus

1）百合无症状病毒。该病毒是百合常见病毒，侵染百合后通常无明显症状，有时叶脉褪色，可造成植株低矮、鲜切花质量降低、鳞茎产量及质量降低。检测不严格时可随鳞茎异地传播。

2）黄瓜花叶病毒。该病毒主要危害叶片，叶片产生斑点、褪绿、透明化。蚜虫是主要传播源。

3）百合斑驳病毒。受侵染叶片易产生黄色斑点、扭曲变形，花朵畸形，鳞片产生黑色或棕色坏疽性斑点，可与百合其他病毒交叉感染。蚜虫是主要传播源。

4）郁金香碎色病毒。该病毒主要侵染郁金香，历史上曾给郁金香栽培业带来毁灭性灾难。百合发病时叶呈斑驳状，同一株花颜色不一。可通过发病鳞茎传播，蚜虫是主要传播源。

5）百合 X 病毒。该病毒使叶片泛白，可与百合无症状病毒重复侵染，导致叶片出现坏疽症状，病株死亡。蚜虫吸食汁液及人工去蕾时的伤口为传播途径。

6）百合丛簇病毒。该病毒导致百合丛状生长，叶片淡黄色，有的叶片暗绿向下反卷，扭曲，全株矮化。

百合病毒的传播方式有种球携带、蚜虫传播、鲜切花采收时伤口感染等，有些病毒可以潜伏后待条件成熟时暴发。百合病毒性病害的发生与栽培品种和栽培环境关系密切。

5.1.1.4　生理性病害

百合种植过程中因环境（如温度、光、水源等）变化或土壤缺乏某些元素而发生的病害为生理性病害。百合生理性病害易发生，常见的有黄化病、叶烧病、芽枯病、落蕾、花裂、霜害、畸形花等。

百合生理性病害可防可控，通过科学规划，采取测土配方施肥，有机肥与无机肥均衡施用，选用无病菌（斑）鳞茎，种植地选址避免霜道、风口，与农田之间有隔离带以避免农药漂移，鲜切花采收工具持续消毒，人工补光及遮光等措施进行预防。

5.1.1.5　线虫危害

危害百合的线虫主要有根腐线虫和草地线虫，其寄主较多，危害百合叶片及鳞茎，严重时导致整株死亡。危害百合叶片时叶片会产生褐色坏死斑；危害百合鳞茎时导致花序短、花芽不能正常发育，形成僵蕾，严重时引起顶端干枯，停止生长，鳞茎由于线虫侵染而鳞茎盘腐烂、鳞片散落，无利用价值。

5.1.2　虫害

百合虫害（包括节肢动物危害）较多，危害地上部位的主要有红蜘蛛、蚜虫，地下主要有根螨、地蛆、迟眼蕈蚊、金针虫、蝼蛄等，地上、地下共同危害的有蛴螬、蓟马、象甲类。

红蜘蛛在条件适宜时每年可发生 10 代以上，主要吸食叶片背面汁液，导致叶片卷缩干枯，生长缓慢，严重时影响产量与质量。蚜虫可危害花蕾、叶片、茎，繁殖能力强、传播速度快，一年发生数代，经蚜虫危害后的花蕾不能正常开花，叶片不能进行光合作用，蚜虫的排泄物会形成煤污病，导致绝产。根螨在条件适宜时一年可发生 10 代以上，是世界性害虫，主要吸食鳞茎，导致鳞茎基盘组织散开并发生腐烂，整株死亡。地蛆是种蝇和葱蝇幼虫的统称，分布广泛，一年发生 2~3 代，咬食鳞茎，严重时造成植株死亡。迟眼蕈蚊是近几年发现的危害百合的昆虫，一年可发生 4 代，主要咬食鳞茎，严重时可导致绝产，在贮藏期间可继续危害种球。金针虫约 3 年 1 代，每头雌虫可产卵 200 多粒，咬食百合鳞茎及幼芽，春秋两季危害严重，土壤黏湿易引起该虫害。蝼蛄主要咬食鳞茎根部及幼芽，春、秋两季危害最重，在地下穿行时造成缺苗，严重时导致断垄。蛴螬是金龟子的幼虫，群体大、食量猛、活动期长，是危害百合最严重的害虫之一，蛴螬种类多，可世代重叠、混合发生，幼虫危害鳞茎，成虫咬食叶片，破坏速度快，严重时导致绝产，厩肥多、湿度大时也发生该虫害。蓟马种类较多，危害百合的主要是葱蓟马，温室一年可发生 10 代以上，成虫和若虫咬食百合花瓣、叶片及嫩芽，也咬食鳞片，受害植株长势矮小，生长不良。象甲类主要包括蔷薇象甲、百合黑象甲、草莓象甲、葡萄黑象甲等，幼虫可咬食叶片，危害同蛴螬。

5.1.3 其他危害

5.1.3.1 农药污染

农药污染是我国包括百合在内的大多数农作物在种植过程中遇到的较为严重、普遍的危害现象。百合种植户在种植过程中为了追求最好的效果，超剂量施药、缩短施药间隔、喷施禁用农药、在采收前不按规定停施农药等，导致农药残留超标，药害严重，在栽培时贪图产量而随意提高种植密度，为了节约成本种植前不进行土壤检测，均易导致病虫害频发，继而导致农药污染，既造成经济浪费，又破坏了土壤结构、污染环境，往往因农药超标而影响百合的销售。

百合的病虫害防治原则是"预防为主，防治结合"，种植户在种植过程中需制定种植规划。由于百合病虫害较多，防治的时间点是最重要环节，生长期尽早预判，发生病虫害时对症施药，综合防治。

5.1.3.2 化肥超量使用

化肥污染是种植时超量施用或使用单一化肥元素而引起，超量施用肥料的危害有：①增加成本；②改变土壤性状，造成土壤板结，缺乏活力。

种植户在种植过程中避免化肥污染的方法有：①在确定种植品种后进行土壤检测，根据百合生长所需养分合理配方施肥；②使用有机肥为底肥，有机肥与化肥平衡使用；③充分利用叶面肥，叶面肥在百合生长过程中具有重要作用，不仅含有氮、磷、钾成分，还富含多种微量元素，可以在生长关键时段起作用，叶面肥与病虫害预防性农药（不含碱类）配合施用时，可以起到事半功倍的作用。

5.1.3.3 环境污染

环境污染主要指工业"三废"（废水、废气、废渣）造成的污染。废水如果离种植基地较近，在雨季容易溢到种植基地，或经渗漏直接与灌溉水混合，造成生产损失，轻则影响百合产量与质量，重则导致土壤污染、种植基地废弃。废气主要指工业排出的二氧化碳（CO_2）、氟化氢（HF）、氯气（Cl_2）等，百合生长期间若处于废气污染的环境，生长及发育将受到直接影响，植株矮小，花蕾发育不良，无法获取优质鲜切花。以药用、食用为种植目的时，鳞茎生长发育不完全，有毒有害元素易超标。废渣主要指含有有毒物质、重金属的工业废料，废渣长期存放于种植基地周边会经土壤渗透或随雨水流入种植基地，造成直接或间接损失。

种植户在种植前应具有风险意识，在种植基地选址时尽量避免与化工厂及大型矿工企业相邻，如果实在无法避免，在选址时应选择地势高、处于上风的地区，充分利用政策与法律，请相关部门督促企业做好"三废"无害化处理。

5.1.3.4　重金属污染

百合重金属污染的方式有两种：一种是空气中的重金属污染，包括锌（Zn）、镍（Ni）、锰（Mn）、铜（Cu）、硒（Se）、铅（Pb）、砷（As）、铬（Cr）、镉（Cd）等；另一种是土壤中重金属超标，主要是镉（Cd）、铅（Pb）、汞（Hg）等。重金属超标较少时植株通常无症状，只有通过专业仪器才能检测出超标元素的种类和含量。

空气污染严重的地区禁止种植百合，因为空气中的重金属易导致鲜切花成品等级降低，以药用或食用为主的鳞茎因重金属超标而被禁止销售。百合种植基地土质达到国家颁布的《土壤环境质量标准》（GB 15618—1995）三级标准即可，种植前需对土壤进行检测，严防重金属超标，否则在销售时会因质量问题造成损失。

5.1.3.5　微生物污染

微生物污染包括没有充分发酵的有机肥、废弃水池（塘）、工业垃圾、医疗垃圾、生活污水携带的病菌、寄生虫等造成的污染。

在使用有机肥时一定要充分发酵，可通过建发酵池（窖）、堆积等方式，以底肥方式施用，尽量避免追施有机肥。废弃水池（塘）通过填埋、疏浚进行处理。废弃工业垃圾转移、深埋处理。医疗垃圾按国家要求处理，在边远地区有随意丢弃医疗垃圾的现象，可通过建立专业焚烧地点的方法解决。生活污水通过在排泄口建地下涵管的方法，引导至远离百合种植基地的地方排泄。

5.2　综合防治技术

5.2.1　病害防治

5.2.1.1　真菌性病害

（1）枯萎病（茎腐病）

1）病原。尖孢镰刀菌百合专化型（*Fusarium oxysporum* f.sp. *lilii* Snyder et Hansen）、串珠镰刀菌（*F. moniliforme* Sheldon）和茄病镰孢（*F. solani* Sacc），半知菌类真菌。

2）症状。百合主要病害之一，发病初期症状不明显，后期下部叶片逐渐发黄，渐往上发展至全株叶片枯萎发黄后变褐色干枯，通过侵染鳞片及基盘，造成鳞茎及基盘腐烂，鳞茎散落。

3）传播途径及发病规律。该病症状表现在叶片，病因在土壤及鳞茎，菌丝体在鳞茎或土壤中越冬，次年春季逐渐发病，该病常与百合地下病害同时发生，高温、潮湿、连作、种球有伤口是发病的主要诱导因素。

4）防治方法。①轮作；②平衡施肥，不偏施氮肥，有机肥充分发酵；③选用无破损、无病斑的鳞茎作为种源；④种植前土壤消毒，种球用福尔马林120 倍液浸种 3.5h，发病初期用 90% 敌克松 800 倍液加 65% 代森锌 1000 倍液加 50% 恶霉灵 3000 倍液灌根，10d 1 次，也可用 50% 甲基硫菌灵硫黄悬浮剂 800 倍液灌根，10d 1 次，也可每亩用 90% 敌克松 350g 拌 15～50kg 细土，覆于百合土层，可起预防和治疗作用。

（2）炭疽病（褐鳞病、黑鳞病）

1）病原。百合刺盘孢 [*Colletotrichum liliacearum*（West.）Duke]，半知菌亚门刺盘孢属真菌。

2）症状。百合常见病，危害百合叶片、花及鳞茎。叶片病斑近椭圆形，浅褐色斑，稍凹陷，严重时茎叶枯死；花蕾花瓣发病时病斑呈椭圆形淡红色；鳞茎被侵染后外层鳞片受害严重，初期呈现不规则褐色斑，后呈黑褐色、褐色皱缩，渐干腐，病斑可深入鳞片数层。鳞茎贮藏时受潮、受冻、有伤口易发病。

3）传播途径及发病规律。病菌以菌丝体或分生孢子盘在受害部位越冬，次年春季继续发育产生分生孢子引起初侵染，发病后可形成多次侵害。风雨是该病的主要传播途径，土壤过黏、湿度大、虫害严重的地段易发病。

4）防治方法。①选用无破损、无病斑鳞茎作为种源；②轮作及土壤消毒；③秋季清园时干净彻底，不留病残株；④加强田间管理，均衡施肥，排水通畅；⑤鳞茎栽植前用 50% 苯菌灵可湿性粉剂 1000 倍液浸种 20min，发病后用 50% 施保功可湿性粉剂 1000 倍液或 50% 炭疽福灵可湿性粉剂 500 倍液，或 25% 炭特灵可湿性粉剂 500 倍液叶面喷施及灌根，10d 1 次，交替使用，直至无新发病害。

（3）疫病（脚腐病、基腐病）

1）病原。恶疫霉 [*Phytophthora cactorum*（Leb. et Cohn）] 和烟草疫霉 [*P. nicotianae* Breda var. *parasitica*（Dast.）Waterh]，鞭毛菌亚门卵菌纲疫霉属真菌。

2）症状。地表茎部受害，也发生于叶、花、鳞片、茎。茎部发病时呈水浸状褐色腐烂，逐渐向上、下发展，植株倒伏枯死。叶片发病时呈水浸状小斑，扩大后呈灰绿状大斑，潮湿时病斑上产生白色霉层。花染病后呈软腐状，花瓣垂头。鳞茎染病时出现水浸状褐斑，逐渐软腐溃烂。

3）传播途径及发病规律。病菌以卵孢子随病残体残留于土壤中越冬，次年春季卵孢子萌发，侵染后开始发病，同时产生大量孢子囊，孢子囊萌发后产生游动孢子二次萌发大量孢子，形成多次侵染。潮湿多雨、排水不良、连作、施入未充分发酵的有机肥、鳞茎有伤口可导致该病发生。

4）防治方法。①避免连作；②采取高畦种植；③有机肥使用前充分腐熟；④种植前土壤消毒；⑤发病后喷洒 70% 乙磷吕·锰锌可湿性粉剂 500 倍液，效果不佳或对以上药物产生抗药性时，改用 60% 灭克（氟吗·锰锌）可湿性粉剂 800～1000 倍液，或 69% 安克锰锌可湿性粉剂 800 倍液喷雾，10d 1 次，连续 3 次。

（4）鳞茎软腐病（鳞茎根霉软腐病）

1）病原。匐枝根霉（黑根霉）（*Rhizopus stolonifer*），接合菌门真菌。

2）症状。主要危害鳞茎，在贮藏或运输过程中外皮产生水渍状斑，后色变深，微有辛辣气味，鳞茎渐变软直至毁灭性腐烂，有时鳞茎布满菌丝层，即病原菌的孢囊梗和孢子囊。

3）传播途径及发病规律。病菌在空气中传播，与鳞茎紧密接触的土壤及包装材料是主要传播渠道。病菌由鳞茎伤口侵入，菌丝先扩散至基部，后逐渐侵染至整个鳞茎，其孢囊内孢子借空气传播速度快，在温度 15～25℃、相对湿度 70%～85%、通风不良时，鳞茎 2～4d 即大部分腐烂。

4）防治方法。①采收鳞茎时避免损伤鳞片；②贮藏前鳞茎表面晾干，降低湿度；③建立百合贮藏专窖，不同品种间隔贮藏，窖内温度 5～10℃；④感病品种在入窖前用 50% 苯菌灵可湿性粉剂按说明稀释后浸泡 20min，取出后晾干鳞茎，入窖贮藏。

（5）灰霉病（叶枯病）

1）病原。椭圆葡萄孢 [*Botrytis elliptica*（Berk.）Cooke]，半知菌类真菌。

2）症状。百合常见病，危害严重、分布广泛，低温高湿时发病严重。病菌危害茎、叶、花蕾，幼嫩茎叶顶端易染病，茎生长点变软、腐烂，叶片被侵染后形成黄色至赤褐色水浸状病斑。空气湿度大时病区产生灰色霉层，逐渐扩大至整个叶片，致叶片枯死。花蕾受侵染时，初生褐色斑点，逐渐扩散致花蕾腐烂。天气干燥时病斑变干，病菌停止传播，空气湿度大时，染病部位短时间内生长大量霉状物，后期生长出颗粒状菌核，严重时可借雨水侵入鳞茎。

3）传播途径及发病规律。病菌以菌丝体在寄主或以菌核在土壤中越冬，次年气温升高后病菌繁殖分生孢子。风雨是主要的传播渠道，虫害导致伤口初传染，阴雨天及空气湿度超过 90% 时易发病，温室大棚久不通风或通风不畅、高温潮湿易发病，有机肥未充分发酵、氮肥使用过量均易诱发及推动该病的加重。

4）防治方法。①科学安排种植密度，确保通风；②不偏施氮肥，增施鳞、钾肥，有机肥充分发酵，使用时最好作基肥使用；③减少人为伤口破坏；④生长期喷施等量波尔多液 100～150 倍液预防，10d 1 次，连续 3 次，现蕾后喷施 65% 代森锌可湿性粉剂 600 倍液，或 50% 苯来特可温性粉剂 1500 倍液预防，10d 1 次，连续 3 次，花期停止喷药，发病初期喷施 65% 甲霉灵（硫菌·霉威）可湿性粉剂 1000 倍液，或 50% 灭霉灵可湿性粉剂 800 倍液，或 40% 施佳乐悬浮剂 1200～1500 倍液，以上药物最好交替使用，7～10d 1 次，连续 3 次。

（6）白绢病

1）病原。罗耳阿泰菌 [*Athelia rolfsii* (Curzi) Tu. & Kimbrough]，担子菌门真菌。

2）症状。病菌侵染鳞茎及茎基部，鳞茎出现水渍状暗褐色病斑，茎基部缠绕白色菌索和茶色菜籽状小菌核，病区逐渐腐烂，严重时土壤表层可见大量白色菌索。

3）传播途径及发病规律。病菌以菌核或菌索随鳞茎在土壤中越冬，次年鳞茎带菌或土壤中的病原菌侵害百合鳞茎、根及叶部，以菌丝体侵入外部鳞片，气温渐暖，长出绢丝状菌丝体，分泌水解酶，腐烂鳞茎。借风雨传播速度较快，以基部为中心呈放射性扩散，是百合常见病害，连作种植时病害严重。

4）防治方法。①避免连作，种植 3 年后轮作；②发病严重的地块，用生石灰将土壤 pH 调至中性；③病株全部拔出，遗穴用生石灰覆盖；④发病后喷 0.5% 井冈霉素水剂 1000～1600 倍液或 20% 甲基立枯磷乳油（利克菌）800～900 倍液，或 90% 敌克松可湿性粉剂 500 倍液灌根。

（7）茎溃疡病

1）病原。瓜亡草菌 [*Thanatephorus cucumeris*（Frank）Donk]，担子菌门真菌。

2）症状。初发病时，靠近土壤的叶片出现下陷的浅褐色斑点，茎部染病时，在茎与土壤表层鳞茎之间形成褐色溃疡，病愈或干燥后有褐色斑，严重时根茎腐烂。

3）传播途径及发病规律。病菌以菌丝形式寄生于百合茎基部，或在土壤中长期存在。苗期遇阴雨天、气温低于 20℃、空气湿度大、土质黏时易发病。发病后茎基部形成溃疡，进而腐烂。

4）防治方法。①种植前土壤消毒，发现病株及时清除，遗穴用生石灰覆盖；②发病后用 90% 敌克松可湿性粉剂拌药土覆盖土壤表面，参照每亩用药 1kg 兑细土 20kg 的标准兑药，发病初期喷 20% 甲基立枯磷乳油（利克菌）1200 倍液，10d 1 次，连续 3 次。

（8）鳞茎青霉病

1）病原。圆弧青霉（*Penicillium cyclopium* Westl.）和簇状青霉（*P. corymbiferum* West），半知菌类真菌。

2）症状。鳞茎贮藏期常见病害，发病后病斑暗褐色、凹陷，产生青绿色霉层，鳞片由外向内逐层腐烂，2～3 个月后鳞茎完全腐烂。

3）传播途径及发病规律。土壤中残留病菌、鳞茎采收时破损、贮藏室潮湿或通风不良、种植地湿度大、地下害虫多时易发病，鳞茎发病不明显时误用该鳞茎作为种球种植会导致植株生长缓慢，失去商品价值，同时侵染土地。贮藏期间发病严重时鳞片腐烂，先生出白色斑点，后长出青绿色霉层。

4）防治方法。①鳞茎采收尽量不破损，出现损坏可分拣出单独用药物处理贮藏，次年春季用于鳞片扦插；②鳞茎采收后晾晒 10～15d 再贮藏，贮藏期间鳞茎保持干燥状态；③贮藏室保证通风，空气湿度 60%～70% 为宜；④栽培前用 0.02% 高锰酸钾溶液浸泡 1h，之后用清水浸泡 20min，晾干水分后栽培，或用 0.3%～0.4% 硫酸铜溶液浸泡 1h，或 50% 多菌灵可湿性粉剂 800 倍液浸泡 30min，晾干水分后栽培；⑤发病后及时清除，遗穴用生石灰覆盖土壤表层。

（9）百合叶尖干枯病

1）病原。百合茎点霉 [*Phoma lilii* (Hara) P. K. Chi et F. X. chao]，半知菌亚门真菌。

2）症状。主要危害叶尖，发病后叶尖变为黑褐色，坏死或干枯，逐渐向叶基部扩展，至叶片中间时形成椭圆形病斑，边缘褐色或血红色，中央灰白色，病区散生黑粒点，即病菌分生孢子器。

3）传播途径及发病规律。病菌随病残体越冬，次年随风雨传播。长势不良、植株有伤口、肥力不足易导致生长衰弱继而发病，长白山区 6～8 月为发病高峰期。

4）防治方法。①加强肥水管理，减少各种伤口，生长期用绳结网，引导固定百合生长，避免风雨折断；②叶片发病后及时清除，用 30% 碱式硫酸铜悬浮剂 300 倍液涂抹伤口，发病初期喷施 30% 碱式硫酸铜悬浮剂 400 倍液，或 65% 代森锌可湿性粉剂 500 倍液，或 47% 加瑞农可湿性粉剂 800 倍液，10d 喷施 1 次，连续 3 次。

（10）百合丝核菌病（鳞片尖腐病）

1）病原。茄丝核菌（*Rhizoctonia solani*），半知菌亚门真菌。

2）症状。感染初期，危害土壤中鳞片和幼芽下部绿叶，叶片出现下陷，出现淡褐色斑点，通常植株可以正常生长，严重时地下部白色根茎及地上基部叶片萎蔫或腐烂脱落，幼叶及生长点受损，抑制根茎发展，造成花蕾发育不良或无蕾。鳞茎贮藏期间发病，鳞片端部发黑，外层鳞片萎蔫、腐烂并有辛辣气味，鳞茎长出灰白色菌丝层，上生长点状黑霉。

3）传播途径及发病规律。病菌从土壤中侵染植株，空气湿度大、气温15℃以上、通风不良时易发病，病征不明显时鳞茎贮藏期间无明显变化

4）防治办法。①土壤种植前每亩用95%敌克松可溶性粉剂350g拌15～25kg细土，均匀消毒；②种球收获贮藏期间避免损坏，贮藏前种球用50%苯来特可湿性粉剂1000倍液或25%多菌灵可湿性粉剂500倍液浸泡30min，阴干5～10d；③贮藏室干燥、通风。

5.2.1.2　细菌性病害

（1）细菌性软腐病

1）病原。胡萝卜软腐欧文氏菌胡萝卜软腐致病变种（*Erwinia carotovora* subsp. *carotovora*）。

2）症状。主要危害鳞茎及地上茎，发病初期外部鳞片产生灰褐色不规则水浸状斑，渐向内扩散，造成鳞茎脓状腐烂。

3）传播途径及发病规律。病原在土壤及鳞茎中存在，春季生长期侵染鳞片、茎及叶，引起重复性侵染，病菌生长适宜温度25～30℃。

4）防治方法。①种植前使用95%敌克松可湿性粉剂按说明消毒土壤；②种植过程中避免碰伤鳞茎；③鳞茎贮藏前用50%苯来特可湿性粉剂1000倍液或25%多菌灵可湿性粉剂500倍液浸泡30min，阴干5～10d；④贮藏室保持干燥、通风；⑤种植前种球用农用链霉素200倍液浸泡30min，晾干后种植；⑥发病后喷洒20%龙克菌悬浮剂500倍液或47%加瑞农可湿性粉剂800倍液，或农用硫酸链霉素3000倍液，7～10d 1次，视情况多次交叉使用。

（2）百合曲叶病

1）病原。假单胞菌属（*Pseudomonas* sp.）。

2）症状。百合生长到15～20cm时，茎中部叶片明显扭曲或歪斜，扭曲叶片的一边常有褐色坏死斑，叶片与茎连接处易发病，受害叶相邻的叶片生长正常，花不受影响。

3）传播途径及发病规律。该病常与百合其他病害混合发病，多在鳞茎贮藏期至种植前感染。

4）防治方法。防治曲叶病以预防为主，鳞茎收获后干燥贮藏，贮藏室通风干燥，生长期发病后可将叶摘除，同时观察其他病害是否同时发生。

5.2.1.3　病毒性病害

1）病原。百合病毒病易发病毒主要有以下几种：百合花叶病毒（Lily mosaic virus），黄瓜花叶病毒（Cucumber mosaic virus），百合无症状病毒（Lily symptomless virus），百合斑驳病毒（Lily mottle virus），郁金香碎色病毒（Tulip breaking virus），百合环斑病毒（Lily ring spot virus）。

　　百合栽培地随着使用年限的增长，土壤由于无轮作或轮作间隔时间短（一年或二年），会导致百合发生多种病害。此外，随着各种杂交方法的不断发展，在百合园艺品种不断丰富的同时，侵染百合的新病毒也不断被发现。

　　2）症状。百合易感染多种病毒，病毒性危害是百合种植时最易发生的病害，具有全球发病特点。发病时受害植株生长缓慢，全株发病，叶脉产生褪绿条纹，叶面凹凸不平，花蕾变小，花朵发育不完全，鳞茎产量低，严重时全株死亡。有的病毒潜伏性侵染，发生后出现坏死斑，生长期无茎，呈丛簇状生长等。

　　3）传播途径及发病规律。病毒主要在鳞茎越冬，次年通过蚜虫吸食汁液形成的伤口传播，天气干燥、蚜虫多代发生时病害发生严重。

　　4）防治方法。百合病毒性病害的防治方法是：①轮作；②选用抗病品种，有条件的建立种球繁殖基地，自主选育种球；③预防为主，及时锄草，栽培土质不积水；④高度重视蚜虫危害，采取预防性措施抑制蚜虫发生，消灭蚜虫栖息场地；⑤在百合生长早期喷施矿物油类药物防治，10d 1 次，效果较好；⑥发现病株及时消除，遗穴用生石灰隔离，3 年内不种植百合科植物，发病初期用 3.85% 病毒必克可湿性粉剂 700 倍液，或 0.5% 抗毒剂 1 号水剂 300～350 倍液，或 20% 毒克星 500～600 倍液叶面喷施，7～10d 喷施 1 次，连续 3 次；⑧鲜切花采收工具消毒。

5.2.1.4　线虫

　　线虫动物门是动物界最大的门之一，为假体腔动物，有 28 000 多个记录物种，目前尚有大量种未命名。

　　1）病原。侵染百合的线虫主要是叶线虫（*Aphelenchoides fragariae*）和根线虫（*Pratylenchus penetrans*）。

　　2）症状。叶线虫侵染植株出现枯梢，叶片产生黄褐色至深褐色坏死斑块，病叶下垂凋萎和卷曲，植株下部叶片发病时，线虫已侵入鳞茎。病株上有的花芽不能形成或正常开花，花枯萎或花形不正，严重降低观赏价值。有的病株出现"束顶"，常为枯梢的早期症状。

　　根线虫侵染初期部分叶片出现黄化，若在生长季早期染病则受害更重，感病植株严重矮化，根上出现许多坏死斑或伤口，在根受害处边缘组织内或在鳞茎外层鳞片的侵染处可发现线虫。

　　3）防治方法。①种植前将种球置于 40℃温水中加 0.5% 福尔马林浸泡 3～4h（保持恒温）可有效防治线虫；②发现百合有黄叶、落叶、植株生长不良等现象时，可先采取排除法判断是否由黄化病或缺素症引起，排除以上两点后将叶片送到科研部门，利用显微镜检测是否有线虫危害，确诊线虫危害后，及时摘除病叶、蕾、花，集中焚毁，受危害鳞茎全部铲除，温室大棚土壤用福尔马林熏蒸，或必速灭广谱土壤消毒剂消毒，露地栽培时采用杀线酯、西维因等药剂按说明拌成药土施于土壤表面。

5.2.1.5　生理性病害

（1）黄化病（缺铁症、褪绿病）

1）症状。该病主要由缺铁引起，土壤含钙丰富、pH高、生长速度快易发生黄化病，发病后叶脉间叶肉组织呈黄绿色。

2）防治方法。①出现黄化病时说明百合种植品种喜酸，根据种植品种确定土壤pH，发病后增施一次螯合态铁，用量为$2\sim3g/m^2$，与细土或干沙混合后撒施；②用富尔655叶面肥1000倍液加硫酸亚铁300倍液叶面喷雾，10d 1次。

（2）叶焦病（叶烧病、叶枯病）

1）症状。由植株吸水与蒸腾之间的平衡失调引起，叶片细胞缺钙、土壤盐分高及根系发育不良时易发病，另外部分品种（尤其是鳞茎过大的品种）易发病。多在进入蕾期前发病，首先幼叶稍向内卷，数天后焦枯的叶片出现黄色或白色的斑点，严重时白色斑点变为褐色，叶片弯曲，特别严重时叶片全部脱落，植株停止生长。

2）防治方法。①对土壤pH敏感的品种栽培时选用小鳞茎，种植后上覆土壤$6\sim10cm$；②该病易发生于温室大棚，种植过程中避免温度、湿度差异过大，湿度控制在75%以下。

（3）芽枯病

1）症状。百合生长初期，花芽颜色变为淡绿色，花梗缩短后花芽渐脱落。春季种植时，低位花芽先发病。鲜切花温室种植时，高位花芽先脱落。光照不足、根系发育不良、雄蕊产生乙烯也会引起芽败育，温差过大及温度变化剧烈也可引起发病。此外，该病的发生与种植品种也有关系，毛百合冬季温室大棚种植时，若光照不足也会引起芽败育。

2）防治办法。①春季种植，气温稳定通过$8\sim10℃$时进行栽培；②合理安排种植密度，选择优质鳞茎作为种源；③温室大棚冬季种植时增加补光设施。

（4）花裂

1）症状。该病易发于温室大棚，温度变化大、空气湿度波动大时易引起花瓣分离开裂，严重时影响鲜切花质量。

2）防治方法。①应严格管控温室大棚的温度及湿度，避免温度忽高忽低；②科学种植，冬季浇水使用滴灌的方式。

（5）落蕾（盲花）

1）症状。主要由于光照不足引起花蕾发育不良，花芽长至 1～2cm 时，花蕾颜色转为白绿色，花梗缩短，花蕾渐干枯脱落。光照不足导致花芽内雄蕊产生乙烯，引起花蕾败育，此时如果土壤过于干燥引起根部发育不良，则会加重该现象发生，亚洲百合杂种系及麝香百合杂种系对光照不足最为敏感，易出现落蕾。

2）防治方法。①掌握种植品种特性，光敏感品种种植前，在保证土壤水肥的前提下，选择四周无高大乔、灌木遮光的种植地；②温室大棚种植应设反光板及补光设备，在花芽分化期，以花序上第一个花蕾发育为临界期，花芽长至 0.5cm 时开始，从每晚 20 时补至次日凌晨 4 时，连续 5 周，既预防落蕾又能促使花期提前，同时可以显著提高鲜切花质量。

5.2.1.6　缺素症

缺素症属于生理性病害范畴，在百合栽培过程中会遇到缺少微量元素的现象，特别是长期大量施用化肥时更易导致缺素症发生。缺素症常可通过观察叶片颜色、植株生长现状进行判断。出现生长不良时，确定非病虫害原因后，则考虑缺素症。百合易缺乏的元素主要有氮（N）、磷（P）、钾（K）、钙（Ca）、镁（Mg）、硫（S）、硼（B）、锌（Zn）、钼（Mo）、锰（Mn）、铁（Fe）、铜（Cu）等。

（1）症状

1）缺氮。氮对百合生长发育作用明显，氮缺乏时地下鳞茎及根系生长明显受抑制，对叶片发育影响最大，导致叶小、叶片变色为浅绿至黄色，茎细弱、易倒伏，根系细长、发根量少，影响植株正常生长。氮缺乏的主要原因是土壤贫瘠、管理粗放、施肥单一、施肥量少和杂草过多等。

2）缺磷。磷是植物体内重要化合物的组成元素，能够加强光合作用和碳水化合物的合成与运转、促进氮及植物脂肪代谢、提高对外界环境的适应性。百合缺磷时各种代谢过程受到抑制，首先表现在老叶上，叶色暗绿、尖端变为红褐色，叶早落，生长迟缓、矮小、瘦弱；根系不发达，发根量少；花小且少，无蕾或僵蕾。磷缺乏的主要原因是土壤砂质过多引起磷流失，施有机肥时以含氮量高的猪粪为主，忽视了百合喜禽肥的特性。另外当土壤中钙含量高或 pH 高时，土壤中磷元素易被固定，继而影响百合吸收。

3）缺钾。钾是百合所需的主要元素之一，可以促进酶的活化，增加光合作用，维持百合正常呼吸，改善能量代谢，增强体内物质合成与运转，提高植物抗冻、旱、盐及病虫害的能力。缺钾时首先体现在老叶上，通常是老叶叶缘先发黄，逐渐变褐色，向新叶发展，叶片分布小的白色坏死斑点，严重时叶尖枯萎，茎生长受抑制，植株生长迟缓。

4）缺钙。钙是构成细胞壁的元素之一，是细胞分裂必须含有的成分，能稳定生物膜结构，它和作为膜组成成分的磷脂分子形成钙盐，在维持膜的结构和功能上起重要作用。能结合调钙蛋白（CaM）形成复合物，该复合物能活化动植物细胞中的许多酶，对细胞的代谢调节起重要作用。百合缺钙时，细胞壁形成受阻，抑制细胞分裂过程。首先表现在新叶上，叶片边缘腐败，坏死，顶芽死亡；抑制根生长，植株生长受阻，节间较短，组织柔软。土壤 pH 较高时，可导致钙流失，氮、钾、镁肥施用过多也会引起缺钙症。

5）缺镁。镁是叶绿素的必需成分，与光合作用有直接关系。镁是多种酶的活化剂，参与脂肪和类脂的合成及蛋白质和核酸的合成过程，是较易移动的元素。百合缺镁时，症状表现快且明显，老叶表现最明显，先在叶脉间失绿，逐步由淡绿色转为黄色—褐色—白色的坏死斑点，叶脉间常一日之内出现枯斑。土壤 pH 过高或砂质土壤时镁易流失，偏施磷、钾肥也会引起缺镁症。

6）缺硫。硫是蛋白质和酶的组成元素，硫参与固氮过程，可提高种子产量和质量。百合生长过程中需硫较多，硫的移动性很小，缺硫先从嫩叶开始，与缺氮症状相似——叶小、失绿、根系生长不良，只是症状较轻。

7）缺硼。硼可以促进植物体内碳水化合物互补和代谢，参与细胞壁物质合成，促进花蕾的形成与发育，调节酚代谢和木质化作用。硼影响细胞分裂和伸长，也影响酚类化合物和木质素的生物合成。百合缺硼时顶端停止生长，根系不发达，叶色暗绿，植株矮化，花蕾发育不全、易脱落，影响百合受精过程中花粉管的萌发，形成花而不实的现象。硼元素缺失主要是因为土壤中硼的有效性受钙影响，在土壤中发生复合或沉淀，降低了根系对硼的吸收。

8）缺锌。锌是许多脱氢酶、蛋白酶和肽酶的必要组成成分，可通过酶的作用对植物碳氮代谢产生影响，锌在植物体内参与生长素（吲哚乙酸）的合成，促进细胞生长。百合缺锌时节间生长受到抑制，植株矮化，叶片严重畸形，顶端优势受抑制，老叶缺绿。缺锌的主要原因是碱性土壤导致有效锌减少，磷肥过多易诱发缺锌症，石灰性土壤全锌含量较高，有效锌含量偏低，淋溶强烈的酸性土锌含量低。

9）缺钼。钼是植物 6 种重要微量营养元素（硼、锌、钼、锰、铁、铜）之一，是植物体内硝酸还原酶和固氮酶的组成成分，还能激发磷酸酶活性。钼的生物属性非常重要，是植物体内固氮菌中钼黄素蛋白酶的主要成分之一，植物缺钼时抗坏血酸含量显著减少。钼还具有增强植物抵抗病毒病的能力。钼是百合必不可少的微量元素，促进糖和淀粉的合成与输送，有利于百合鳞茎生长。缺钼时，中间和较老叶片呈现黄绿色，叶边缘向上卷曲，叶面带有坏死斑点。

10）缺锰。锰广泛参与植物体内的催化作用，是许多呼吸酶的活化剂，参与植物光合作用、氮代谢反应及一些氧化还原过程。通常情况下土壤中锰含量很高，只是供给植物的量不由全锰含量的多少来决定。我国北方质地较轻的石灰质土壤易缺锰，百合的一些品种在此基质上生长不良。土壤 pH > 6.5 时，锰的有效性低。在氧化状态高和碱性土壤中锰一样能转化为无效态，引起百合缺锰。土壤有机质特别是易分解有机质的加入，有利于土壤中锰的释放。百合锰元素缺失可在新老叶片上发生，首先从新叶开始，叶片脉间失绿，叶脉为绿色，叶上形成小的坏死斑，可布满整个叶面，叶脉间形成细网状，花小且花色不正。

11）缺铁。铁虽然不是叶绿素的组成成分，但它是叶绿素形成不可缺少的微量元素，与光合作用有密切关系，铁与核酸、蛋白质代谢有关系，缺铁会降低叶绿素中核酸的含量。百合缺铁后的典型症状是嫩叶叶脉间黄化，叶脉仍为绿色，严重时整个叶片黄白色，引起"失绿病"。因铁在百合器官中移动性小，新叶失绿，老叶仍保持绿色，严重时叶片脱落。碱性土壤或石灰性钙质土壤常缺铁，在碱性条件下土壤中的铁以不溶性的氧化铁或氢化铁形式存在，土壤中镁元素过多也会影响铁的吸收。连续阴雨天、土壤水过饱和时，可引起缺铁性失绿症，也称"坏天气失绿症"，由于天气引起的失绿症，在天气好转后会逐渐消失。

12）缺铜。铜在叶绿体中浓度较高，参与光合作用，叶片中 70% 铜的功能与酶有联系，主要起催化作用。植物体内缺铜时，多酚氧化酶、细胞色素氧化酶、抗坏血酸氧化酶等含铜氧化酶活性明显降低。百合缺铜时，会引起叶片失绿和光合效率降低，体内可溶性含氮化合物增加，还原糖含量减少，蛋白质合成受到阻碍，植株浅绿，基部老叶变黄，干燥时呈褐色，茎短而细，易出现早衰现象。

（2）防治方法

1）诊断。百合缺微量元素时有些症状表现相似，如果种植户不能正确判断，可以通过以下措施鉴定。①通过互联网查询，目前互联网信息丰富，可上网查阅资料分析判断，也可以通过网络咨询专家寻求帮助。②专家鉴定，目前交通便利，可直接采集病株到大中院校、科研院所咨询确诊。③不能用以上两种方式确诊时，种植户可自己尝试鉴定所缺元素：首先，通过外观症状进行诊断，一般缺铁、硼时，在新叶先体现，有时伴有顶芽枯死，缺锌在老叶上先出现症状，叶片上有褐斑；其次，看叶片大小形状，缺锌叶片窄小，缺硼叶片肥厚、卷曲、皱缩、变脆，缺锰与缺铁相似，只是在严重时叶片上有棕色斑点，缺铜时植株浅绿、基部老叶变黄，易出现早衰；第三，利用根外喷施法诊断，这种方法快速、简便易行，首先预判可能缺少的元素，然后配制 0.1%～0.2% 的缺少元素，选局部 10～50 株进行叶面喷施，7～10h 后观察叶色变化，如果叶色有所恢复、长势转好，可初步确定所缺元素，该地所缺元素不严重时，可以再观察 2～7d，若病叶完全恢复，新叶生长速度明显加快或正常生长，即可确定所缺元素。

2）防治方法。①合理施肥，增施有机肥，施用复合型无机肥，种植绿肥压青、粉碎秸秆，在秋季施入百合种植地并翻耕；②加强水土保持，避免水土流失；③通过客土，改良贫瘠薄地及调节 pH；④增施叶面肥，如今市场上的叶面肥不仅含有氮、磷、钾等元素，所含微量元素也非常全面，当苗长到 20cm 时，视百合长势可以喷施以钾元素为主的叶面肥，不要单独喷施钾肥，结合喷施叶面肥，可以加入预防性杀菌、杀虫剂及 0.1% 中性洗涤液，起到全面增效作用。

5.2.2　虫害防治

5.2.2.1　蚜虫

蚜虫是危害百合最广泛的害虫，一年可发生几代至几十代，地域不同、种植品种不同，蚜虫对百合的危害时间也不同。蚜虫主要危害叶片和花蕾，叶片被吸食后卷曲变形，花蕾受害后产生绿色斑点，花朵变形，群花观赏及鲜切花质量下降。蚜虫排泄物可引起煤污病。危害百合的蚜虫主要有桃蚜、棉蚜、百合新瘤额蚜、无网长管蚜、百合紫斑长管蚜等。

（1）桃蚜

拉丁名 *Myzus persicae*（Sulzer），同翅目，蚜科。别名桃赤蚜、温室蚜、烟蚜、腻虫、波斯蚜、菜蚜等。

1）形态特征。无翅孤雌蚜体长约 2.2mm。活体淡黄绿、乳白色、赭赤色、有横皱或微刺网纹构造。额瘤显著内倾。腹部第 8 节有毛 4 根。触角为体长的4/5。喙末节约与后跗节第 2 节等长。跗节第 1 节毛序为 3,3,2。腹管圆筒形，稍长于触角第 3 节。尾片有毛 6 或 7 根。有翅孤雌蚜体长 1.4～2.6mm，胸黑色，触角第 3 节有 9～11 个小圆形感觉圈。腹部第 1～2 节有横行小横斑或窄横带，第 4～6 节背中融合为一块大斑，第 7～8 节皆有横带，第 2～4 节各有 1 对缘斑，斑上有缘瘤，第 8 节背中有一对小突起。

2）生活习性。北方一年发生 20～30 代，南方 30～40 代，生活周期具有迁移特性，卵在寄主上越冬，或迁回温室越冬，百合萌芽时桃蚜卵开始孵化为干母，群聚吸食顶芽，展叶后转入叶背面吸食叶片及嫩梢，同时繁殖，陆续产生有翅孤雌蚜迁飞扩散，春季繁殖快且危害严重，10 月产生的有翅蚜迁回百合并危害→繁殖→产卵越冬。气温 24℃时繁殖最快，高于 28℃则虫口降低。高温高湿气候可以抑制蚜虫繁殖。

3）防治方法。①生物防治：保护利用天敌，主要有捕食性瓢虫、草蛉、食蚜蝇、寄生蜂、食虫蜡等；②农业防治：及时清理园内杂草，秋季割刈的枯枝及时清除，如需要进行越冬防寒（主要指引入北方栽培的南方种源，长白山区本地品种可自然越冬），可选用豆秆、玉米秆等覆盖防寒，早春撤掉防寒材料后地表喷施一次 40% 乐果乳油 1000 倍液预防；③化学防治：发生初期使用 40% 乐果乳油 800～1000 倍液，或 50% 灭蚜松（灭蚜灵）乳油 1000～1500 倍液叶面喷雾，视情况可交替使用。

（2）棉蚜

拉丁名 *Aphis gossypii* Glover，同翅目，蚜科。别名瓜蚜。

1）形态特征。干母：体长 1.6mm，茶褐色，触角 5 节，无翅。无翅胎生雌蚜：体长 1.5～1.9mm，夏季黄或金黄色，春季多为深绿、黄褐、黑色、棕色、蓝黑色等；触角长约为体长之半，复眼暗红色；腹管较短，黑青色；尾片青色，两侧各具刚毛 3 根，体表被白蜡粉。有翅胎生雌蚜：体长 1.5～1.9mm，黄色、浅绿、深绿色，触角较体短，头胸部黑色，两对翅透明，中脉三岔。卵：椭圆形，长约 0.5mm，初产时橙黄色，渐变为深褐色至漆黑色，有光泽。无翅若蚜：共 4 龄，夏季黄色至黄绿色，春秋季蓝灰色，复眼红色。有翅若蚜：共 4 龄。夏季黄色，秋季灰黄色，2 龄后现翅蚜。腹部 1、6 节的中侧和 2、3、4 节两侧各具 1 个白圆斑。

2）生活习性。一年可繁殖 10～30 代，北方以卵在寄主上越冬，次年春季寄主发芽后，越冬卵孵化为干母，孤雌生殖 2～3 代后，产有翅胎生雌蚜，4～5 月危害幼苗并繁殖，5～6 月进入危害高峰。10 月产有翅的性母，迁回越冬寄主，产无翅有性雌蚜和有翅雄蚜。棉蚜按季节分为苗蚜和伏蚜，苗蚜发生于寄主发芽至 6 月底，适应低温，气温高于 27℃时繁殖受到抑制，虫口迅速降低，发生时间多在 4～6 月，10 天左右繁殖一代。伏蚜在气温约 28℃时大量繁殖，气温高于 30℃时虫口数量降低，条件适宜时 4～5 天繁殖一代，多雨年份蚜虫发生少。

3）防治方法。同桃蚜。需注意棉蚜对菊酯类杀虫剂敏感性差，且易产生抗药性，不宜使用此类杀虫剂。

5.2.2.2　蓟马

蓟马成虫和若虫主要危害花瓣，被刺吸处出现淡白色小斑点，花瓣卷缩。可大量集中于鳞片，由此可引起真菌性病害，导致鳞茎腐烂，常见有花蓟马、中华简管蓟、黄蓟马、花蓟马等。

（1）花蓟马

拉丁名 *Frankliniella intonsa*（Trybom），缨翅目，蓟马总科。别名台湾蓟马。

1）形态特征。成虫：体长 1.4mm，褐色；头、胸部颜色稍浅，前腿节端部和胫节浅褐色。触角第 1、2 和第 6～8 节褐色，3～5 节黄色，但第 5 节端半部褐色。前翅微黄。腹部 1～7 背板前缘线暗褐色。头背复眼后有横纹。单眼间鬃较粗长，位于后单眼前方。触角 8 节，较粗；第 3、4 节具叉状感觉锥。前胸前缘鬃 4 对，亚中对和前角鬃长；后缘鬃 5 对，后角外鬃较长。前翅前缘鬃 27 根，前脉鬃均匀排列，21 根；后脉鬃 18 根。腹部第 1 背板布满横纹，第 2～8 背板仅两侧有横线纹。第 5～8 背板两侧具微弯梳；第 8 背板后缘梳完整，梳毛稀疏而小。雄虫较雌虫小，黄色。腹板 3～7 节有近似哑铃形的腺域。卵：肾形，长0.2mm，宽 0.1mm。孵化前显现出两个红色眼点。若虫：二龄若虫体长约 1mm，基色黄；复眼红；触角 7 节，第 3、4 节最长，第 3 节有覆瓦状环纹，第 4 节有环状排列的微鬃；胸、腹部背面体鬃尖端微圆钝；第 9 腹节后缘有一圈清楚的微齿。

2）生活习性。南方一年可发生 11～14 代，华北、西北一年发生 6～8 代，世代重叠严重。20℃恒温条件下完成一代需 20～25d，成虫在枯枝落叶层、土壤表层越冬，次年 4 月中、下旬出现第一代，10 月中旬成虫数量减少，10 月下旬～11 月进入越冬期。成虫寿命春季约 35d，夏季 20～28d，秋季 40～73d，成虫雄性较雌性寿命短，成虫羽化后 2～3d 开始交配产卵，全天均进行。卵单产于花枝组织表皮下，每雌虫可产 77～248 粒，产卵期 20～50d。雌雄比为 1：（0.3～0.5），8～9 月是危害高峰期。

3）防治方法。①秋季及时清除干枯植株，清除杂草，消灭越冬虫卵；②早春在百合出土前喷洒 50% 辛硫磷乳油 1500 倍液，或 40% 乐果乳油 1000 倍液预防，可有效降低虫口，减少迁移；③出苗后发现花蓟马危害百合时，用 50% 辛硫磷乳油 1500 倍液，或 40% 乐果乳油 1000 倍液，或 35% 赛丹乳油 1500 倍液，或35% 伏杀磷乳油 1500 倍液全株喷雾。

（2）中华简管蓟马

拉丁名 *Haplothrips chinensis* Priesner，缨翅目，管蓟马科。别名中华管蓟马、中华皮蓟马。

1）形态特征。成虫：体长 1.7mm，暗褐色至黑褐色；触角第 3～6 节黄色；前足胫节及全部跗节黄色。翅无色。体鬃较暗。头长与宽约相等，颊缘几乎直。眼后鬃、前胸鬃及翅基鬃端部扁钝；眼后鬃短于复眼。触角 8 节，第 3 节长为宽的 1.8 倍；第 3 节外端具 1 个感觉锥；第 4 节端部具 4 个感觉锥。口锥短宽，端部较窄；口针细，缩入头内复眼后。前胸背板光滑；前缘鬃 1 对，发达；前角鬃 1 对，发达；后角鬃 1 对，发达；后侧片鬃 1 对，发达。腹面前下胸板大。前基腹板近三角形。中胸前小腹板无纹，中峰前缘不高而尖。前翅中部收缩似鞋底形，具 9 根间插缨。前足跗节无齿。腹部背板 2～7 节各具 2 对握翅鬃。第 1腹背板的盾板三角形。第 9 腹背板鬃略短于管。第 10 节管状，长为头长的 0.68倍。雄成虫体长约 1.4mm，体色特征与雌成虫相似，但前足跗节有齿。卵：长约 0.45mm，长椭圆形，黄色。若虫无翅，初孵若虫浅黄色，后变橙红色，触角、尾管黑色。前蛹较 2 龄若虫短，浅红色，翅蚜显露，伪蛹触角伸向头两侧，翅蚜增长，色深。

2）生活习性。南方一年发生 8~9 代，北方一年发生 5~6 代，福建、海南、台湾常年发生，20~32d 繁殖一代，世代重叠。日平均气温 20℃时成虫存活 58d 左右。卵期 4~8d，一龄期 8~15d，二龄期 8~15d，前蛹，蛹期 3~6d；产卵前期 3~7d。月平均气温 23℃时产卵期约 33d。产卵量 18~25 粒，越冬代成虫 3 月下旬、4 月上旬开始活动。6 月中旬~7 月上旬百合现蕾时成虫迁入刺吸花蕾产卵，具有趋花习性。

3）防治方法。①秋季清除园内杂草及干枯百合茎，减少越冬虫口基数，春季清除种植地周边杂草；②发现蓟马危害时全株喷洒 50% 辛硫磷乳油 1500 倍液，或 10% 吡虫可湿性粉剂 1500 倍液，或 40% 七星保乳油 600~800 倍液防治，或 1.2% 烟·参碱乳油 800 倍液，可交替用药。

5.2.2.3　刺足根螨

拉丁名 *Rhizoglyphus echinopus*，粉螨科根螨属。

1）形态特征。成螨：雌螨体长 0.58~0.87mm，宽卵圆形，白色发亮。螯肢和附肢浅褐红色；前足体板近长方形；后缘不平直；基节上毛粗大，马刀形。格氏器官末端分叉。顶内毛与胛内毛等长，或稍长；顶外毛短小，位于前足体侧缘中间，胛外毛长为胛内毛的 2~4 倍，足短粗，跗节 I、II 有一根背毛呈圆锥形刺状。交配囊紧接于肛孔的后端，有一较大的外口。雄螨体长 0.57~0.8mm，体色和特征相似于雌螨，阳茎呈宽圆筒形，跗节爪大而粗，基部有一根圆锥形刺。卵：椭圆形，长 0.2mm，乳白色半透明。若螨：体长 0.2~0.3mm，体形与成螨相似，颚体和足色浅，胴体呈白色。

2）生活习性。条件成熟时一年可发生 10 代左右。成螨在土壤中越冬，腐烂的百合鳞茎中最多，可成群寄生在百合鳞茎，吸食鳞茎基盘及破坏根部，也在贮藏的鳞茎越冬，随鳞茎的栽培而移动。施入有机肥时，如果发酵不彻底，可残存于有机肥中进入土壤大量繁殖，高温潮湿条件下繁殖迅速。两性繁殖，温度 25℃时 13~15d 繁殖一代，30℃时 8~9d 繁殖一代。若螨和成螨起初多在鳞茎周围活动，危害鳞茎，螨量大小与鳞茎腐烂程度关联密切，具有寄生性和腐生性，同时有很强的携带腐烂病菌和镰刀菌的能力。根螨由于体小，不易被发现，在大肆破坏鳞茎时百合出现萎蔫状态，常被误诊为病害，丧失治疗先机。根螨具有耐药性及不同口龄用药不同的特点，防治困难。

3）防治方法。①轮作，以预防为主，加强检疫，刺足根螨如果入侵种植基地，几乎无法根除；②种植前，筛选鳞茎，剔除根螨侵染的鳞茎，将鳞茎放入 40℃的培养室或 40℃温水浸泡 24h，受侵染鳞茎用 40% 三氯杀螨醇乳油 1000 倍液或 25% 亚胺硫磷乳油 1000 倍液灌淋根部；③农田翻耕后曝晒土壤，用热水及蒸汽处理土壤；④鳞茎在种植前用 73% 克螨特乳油 2000 倍液，或 30% 蛾螨灵可湿性粉剂 2000 倍液，或 15% 扫螨净乳油 3000～4000 倍液喷洒，晾干药液后栽种或贮藏，将种球浸入以上任何一种药剂稀释液中浸泡 10～15min，晾干药液后种植，可取得较好效果。

5.2.2.4　韭菜迟眼蕈蚊

拉丁名 *Bradysia odoriphaga* Yang et zhang，双翅目，眼蕈蚊科。别名黄脚蕈蚊、韭蛆。

1）形态特征。成虫体小，长 2.0～5.5mm，翅展约 5mm，体背黑褐色。复眼在头顶成细"眼桥"，触角丝状，16 节，足细长，褐色，胫节末端有刺 2 根。前翅淡烟色，缘脉及亚前缘脉较粗，后翅退化为平衡棒。雄虫略瘦小，腹部较细长，末端有一对抱握器，雌虫腹末粗大，有分两节的尾须。卵：椭圆形，乳白色，0.24mm×0.17mm。幼虫：黄白色，细长无足，体长 7mm，头漆黑色具光泽，前端尖，后端钝圆。蛹：裸露，初为黄白色，后变黄褐色，羽化前变为黑褐色，头为铜黄色，有光泽。

2）生活习性。分布广泛，主要寄生于百合、韭菜、大葱、洋葱、小葱、大蒜等百合科植物。一年发生 4 代，5 月上旬、6 月中旬、8 月上旬、9 月下旬是主要发生时间。成蛹或老熟幼虫在百合鳞茎周围 3～4cm 表土层越冬休眠。温室大棚内无休眠期。成虫畏光、喜阴湿、善飞、怕干燥，对葱蒜类蔬菜散发的气味有明显趋性，卵产于鳞茎周围土壤内。幼虫危害鳞茎，咬食嫩茎并蛀入鳞茎内危害。成虫上午 9～11 时活跃，为交尾盛期，具有多次交尾特性，交尾后 1～2d 将卵产于土缝内，堆产，产卵量 100～300 粒，16 时至夜间栖息于土缝中不活动，土壤湿度大是发生的重要因素，喜沙壤土，黏土次之。

3）防治方法。①冬灌或春灌可消灭部分幼虫，如果加入适量氯吡硫磷（乐斯本）乳油、辛硫磷乳油效果更佳；②化学防治：防治幼虫用 5% 辛硫磷乳油 1000 倍液，或 48% 氯吡硫磷（乐斯本）乳油 500 倍液，或 1.1% 苦参碱粉剂 500 倍液灌根，每月 1 次，10% 灭蝇胺水悬浮剂每亩用 75～90g 于幼虫危害盛期喷雾，效果显著，百合收获前 15d 停止用药，防治成虫，在成虫危害盛期撒施 2.5% 敌百虫粉剂，每亩撒施 2～2.6kg，或用 80% 敌敌畏乳油 800～1000 倍液，或 40% 辛硫磷乳油 800～1000 倍液，或 2.5% 溴氰菊酯乳油 2000 倍液喷雾，上午 9～11 时成虫羽化高峰期喷雾，秋季成虫发生集中、危害严重，应重点防治；③物理防治：用糖、醋、水配制诱杀剂，比例 1.5∶1.5∶7，用陶盆或瓷盆装入诱杀液，盆高 1m 左右，盆上方 30cm 处挂 40 瓦灯泡，灯头用口径 10cm 防水罩罩住，天黑亮灯，每晚开 2h，每亩放 2～3 个盆，隔 2～3d 补 1 次诱杀液，盆中加 1～2 滴菜油可增加诱杀效果，诱杀全年分两次进行，第 1 次 5 月上旬～6 月下旬，第 2 次 9 月上旬～9 月下旬，效果较好。

5.2.2.5　铜绿丽金龟（蛴螬）

拉丁名 *Anomala corpulenta* Motsehulsiy，鞘翅目，丽金龟科。别名铜丽金龟子、青金龟子、淡绿金龟子、白土蚕、核桃虫。

1）形态特征。成虫：体长卵形，长 16～22mm，宽 8.3～12mm，背腹稍扁，体背铜绿色具光泽，头、前胸背板色泽较深，背板上布有线细点刻。鞘翅上色较浅，淡铜黄色，胸腹面密生细毛，足黄褐色，胫节、跗节深褐色。头部大，头面具皱密点刻，触角 9 节鳃叶状，棒状部 3 节黄褐色，小盾片近半圆形，鞘翅具肩凸，左右鞘翅密布不规则点刻且各具不明显纵肋 4 条，臀板黄褐色三角形，具绿色斑点 1～3 个，前胸背板大，前缘稍直，边框具明显角质饰边；前侧角向前伸尖锐，后侧角钝角状，腹部每腹板中后部具排稀疏毛。前足胫节外缘具 2 个较钝的齿，前足、中足大爪分叉，后足大爪不分叉。卵：椭圆形至圆形，长 1.7～1.9mm。幼虫：体长 30～33mm，头宽 4.9～5.3mm，头黄褐色，体乳白色，肛腹片的刺毛两列近平行，每列由 11～20 根刺毛组成，两列刺毛尖多相遇或交叉。蛹：长椭圆形，长 18～22mm，宽 9.6～10.3mm，浅褐色。

2）生活习性。每年发生 1 代，世代发生，幼虫在土壤中越冬，春季土壤解冻后，幼虫开始由土壤深层向上移动，南方 4 月中下旬，北方 5 月中下旬，当平均地温达 14℃时幼虫取食植物根系，4 月下旬～5 月上旬，幼虫做土室化蛹。蛹期 7～11d，5 月下旬～6 月上旬出现成虫，6 月上旬～7 月中旬危害盛期，同期进入产卵盛期，卵期 7～13d，6 月中旬～7 月下旬幼虫孵化危害至秋季，气温降低后转入土层越冬，越冬层距地面 30～40cm。成虫羽化后 3d 出土，昼伏夜出，可飞翔，具假死性，黄昏上树取食交尾，具有趋光性。产卵 40 粒左右，卵产于土壤 3～10cm 土层中，春秋两季危害严重。幼虫和成虫对百合均能造成危害，幼虫地下危害鳞茎，形成孔洞，导致幼苗死亡，成虫取食叶片，破坏速度快。湿度大、厩肥多的土壤易发生虫害。

3）防治方法。①物理防治：成虫发生数量少时，可人工捕杀；②化学防治：每亩用 25% 对硫磷乳油或 50% 辛硫磷乳油 150～200g 拌谷子等饵料 5kg，或 50% 对硫磷乳油或 50% 辛硫磷乳油 50～100g 拌饵料 3～4kg，撒于种沟中；用 50% 辛硫磷乳油亩用量 200～250g 加水 10 倍，细土 25～30kg，混合成药土，开沟施于百合畦内；用 50% 辛硫磷乳油 1000 倍液，利用喷雾器，去掉雾化喷嘴，每个鳞茎根部浇灌 50g 药液，可兼灭金针虫；80% 敌敌畏乳油 500～800 倍液喷洒于厩肥，搅拌后用塑料布密封，24h 可毒死蛴螬。

5.2.2.6　金针虫

金针虫是鞘翅目（Coleoptera）叩甲科（Elateridae）昆虫幼虫的总称，成虫俗称叩头虫，别名铁丝虫、铁条虫、铜丝虫、节节虫。多数种类为害农作物和林草等幼苗及根部，是地下害虫的重要类群之一。中国主要种类有沟金针虫（*Pleonomus canaliculatus*）、细胸金针虫（*Agriotes fuscicollis*）、褐纹金针虫（*Melanotus caudex*）、宽背金针虫（*Selatosomus latus*）、兴安金针虫（*Harminius dahuricus*）等。由于金针虫活动及生活习性相近，本书以沟金针虫为例介绍相关情况。

1）形态特征。沟金针虫末龄幼虫体长20～30mm，体扁平，黄金色，背部有一条纵沟，尾端分成两叉，两叉内侧有一小齿。沟金针虫成虫体长14～18mm，深褐色或棕红色，全身密被金黄色细毛，前胸背板向背后呈半球状隆起。

2）生活习性。金针虫生活史很长，不同种类有差异，3～5年完成一代，以幼虫或成虫在地下越冬，越冬深度在20～85cm，沙壤土及黏土潮湿地发生严重。华北地区3月上旬开始活动，4月上旬活动盛期，白天潜伏于地表，夜晚活动，并交配产卵，每年产卵32～166粒，平均产94粒，卵产于土中3～7cm深处。卵发育33～59d，平均42d，5月上旬幼虫孵化，当年体长可长至15mm以上，第3年8月下旬，幼虫老熟，于16～20cm深土层做土室化蛹，蛹期12～20d，平均约16d，9月中旬开始羽化，当年在原蛹室内越冬，次年3月下旬土温在9℃以上时开始危害百合。雌性成虫不能飞翔，行动迟缓，具有假死性，无趋光性。春秋季气温在15～17℃时咬食鳞茎及嫩芽，危害严重。土温达28℃时，金针虫潜入土层深处越夏，秋季土温18℃时金针虫上潜，咬食百合鳞茎。金针虫的活动与土壤温度、湿度及百合的物候特征关联密切。由于雌成虫活动迟缓，多在原地交尾产卵，因此扩散受到限制，虫口在受到防治后，短时间不会密集暴发。

3）防治方法。做好调查，当每平方米金针虫口密度达1.5头时，用50%辛硫磷乳油每亩用量200～250g，加水10倍，混干细土50kg拌成药土，撒入百合畦面，结合锄草翻入土壤中；每亩用25%对硫磷乳油或辛硫磷胶囊剂150～200g，拌谷子5kg成饵食，撒于百合栽培地；用90%晶体敌百虫1000倍液浇灌，可防治幼虫。

5.2.2.7 象甲

拉丁名Curculionidae，鞘翅目，象甲科。别名象鼻虫。象甲全世界记录5万种以上，遍布全球，头和喙延长，形似象鼻，因而得名。我国象甲超过1200种。

1）形态特征。小型至大型种类。体长1～60mm（不包括喙）。喙显著，由额向前延伸而成，喙中间及端部之间具触角沟。触角11节，膝状，分柄节、索节和棒3部分，柄节较2～4节长，棒多为3节组成。颚须和下唇须退化而僵直，不能活动。鞘翅长，端部具翅坡，多盖及腹端。腿节棒状或膨大，胫节多弯曲。跗节5-5-5，第3节双叶状，第4节小，位于其间。腹部可见腹板5节，体壁骨化强，多数种类被覆鳞片。幼虫通常为白色，肉质，身体弯成"C"形，上颚具发达白齿，没有足和尾突。

2）生活习性。危害百合的主要有蔷薇象甲、百合黑象甲、草莓象甲和葡萄黑象甲等。蔷薇象甲具夜行性，晚间咬食百合叶片。百合黑象甲幼虫咬食百合地下鳞茎，导致百合萎蔫倒伏。草莓象甲和葡萄黑象甲主要危害露地栽培百合，咬食叶片。象甲性迟钝，行动迟缓，具有假死性，有性繁殖，多数以成虫越冬，以卵和初龄幼虫越冬的有杨干隐喙象。

3）防治方法。①少量发生时可以人工捕杀；②成虫出土前用 50% 辛硫磷乳油 300 倍液进行地面封闭，喷药后浅翻土壤，成虫危害盛期用 50% 辛硫磷乳油 1000 倍液或 25% 西维因可湿性粉剂 500 倍液叶面喷洒。

5.2.2.8　东方蝼蛄

拉丁名 *Gryllotalpa orientalis* Burmeister，直翅目，蝼蛄科。别名非洲蝼蛄、小蝼蛄、拉拉蛄、地拉蛄、土狗子、地狗子、水狗等。东方蝼蛄中文名原为非洲蝼蛄，1992 年改名为东方蝼蛄，是世界性害虫，全国各地均有分布。

1）形态特征。成虫：体长 30～35mm，灰褐色，全身密布细毛。头圆锥形，触角丝状。前胸背板卵圆形，中间具一暗红色长心脏形凹陷斑。前翅灰褐色，较短，仅达腹部中部。后翅扇形，较长，超过腹部末端。腹末具 1 对尾须。前足为开掘足，后足胫节背面内侧有 4 个距。卵：初产时长 2.8mm，孵化前 4mm，宽 1.5mm，椭圆形，初产乳白色，后变黄褐色，孵化前暗紫色。若虫：8～9 个龄期。初孵若虫乳白色，体长约 4mm，腹部大，2、3 龄以上若虫体色接近成虫，末龄若虫体长约 25mm。

2）生活习性。北方地区 2 年发生 1 代，南方地区 1 年发生 1 代，以成虫、卵、若虫在地下越冬。成虫、若虫均在土中活动，取食播下的种子、幼芽或将幼苗咬断致死，昼伏夜出取食。3 月中旬土表温度 10℃以上时，上升到表层土中，在洞口顶起虚土堆。气温达到 15℃时，开始大量出土活动。5 月上旬气温 15～26℃时，是东方蝼蛄最活跃的时期，也是第一次危害高峰期，主要咬食百合鳞茎、根系，使植株萎蔫死亡。6 月下旬～8 月下旬，气温 25～30℃时，转入地下活动。6～7 月产卵盛期，多集中在沿河两岸、池塘和沟渠附近产卵。若虫期 400 余天，此时危害百合较轻。9 月份气温下降后，再次上升地表，形成第二次高峰危害期。10 月下旬以后，气温下降，潜入 40～60cm 以下的土层越冬。东方蝼蛄具有昼伏夜出习性，21～23 时活动最盛，具有强趋光性。高温、潮湿、闷热条件下，东方蝼蛄大量出土活动，民间有"蝼蛄跑湿不跑干"之说。东方蝼蛄具有强烈的群集性、趋光性、趋味性、趋湿性特征，香甜谷物、豆饼、麦麸及马粪堆积处等是主要分布区。

3）防治方法。①有机肥施用时须充分腐熟，发生虫口少量时人工及时捕捉；②用黑光灯诱杀成虫，灯下放一水缸，缸内水加入少量机油或敌百虫，使其趋光跌落缸内水中淹死；③ 将豆饼或麦麸 5kg 炒出香味，或秕谷 5kg 煮熟晾至半干，再用 90% 晶体敌百虫 150 克兑水将毒饵拌潮，每亩用毒饵 1.5～2.5kg 撒在地里或苗床上。在蝼蛄为害严重区域，每亩用 5% 辛硫磷颗粒剂 1～1.5kg 与 15～30kg 细土混匀后，撒于地面并耙耕，或于百合栽种前沟施毒土。苗床受害严重时，可用 50% 辛硫磷乳油 800 倍液灌洞灭虫。

5.2.3　其他危害防治

5.2.3.1　肥害

施肥不当时百合易发生肥害。避免肥害发生的方法有：①百合对含氯肥料敏感，应选择无氯且以磷、钾肥为主的复合肥；②有机、无机肥均衡使用，基肥施到土壤表面，用旋耕机翻入土壤为佳；③按说明喷施叶面肥，不可调高使用浓度，如果观察叶片长势较好，可以降低使用浓度。

5.2.3.2　盐害

百合对土壤中的盐含量敏感，土壤盐分过高会导致根尖受伤，影响根系吸水，严重时引起落蕾现象。预防百合盐害的措施：①选地要慎重，避免选择盐碱地；②慎用含氯成分的复合肥。

5.2.3.3　药害

在使用化学农药防治百合病虫害时，种植户由于技术掌握不全，往往超量使用农药，危害如下：①种植成本过高；②植株易产生药害；③易引起抗药性。预防药害的措施：①对症下药，如果无法确诊病虫害，可向技术人员咨询；②不可随意提高使用浓度或缩短间隔时间；③不能随意混配药液。

5.2.3.4　鼠害

鼠对百合的危害可全年发生，林区鼠害较平原严重。鼠啃食鳞茎，严重时可导致百合大面积死亡。防治鼠害以预防为主，每年春季投放毒饵，提倡小剂量、多种饵料、多点投放，勤检查、勤补饵，还可设置鼠笼与鼠夹，实行综合防治。

5.2.3.5　野猪

野猪主要发生在林区，该物种已被列入原国家林业局 2000 年 8 月发布的《国家保护的有益的或者有重要经济、科学研究价值的陆生野生动物名录》，禁止猎捕。我国实行封山育林政策后，停止森林经营性采伐并收缴猎枪，野猪呈快速繁殖现状，种群数量明显增加，每年秋季成群野猪钻进百合种植地，拱地、啃食百合鳞茎，轻者将鳞茎翻到地表使百合无法越冬，重者将百合啃食殆尽，造成毁灭性损失。

对野猪危害的预防措施：①种植地周边圈养烈性犬，四周围铁线，将犬拴到铁线上，犬链短、距离长，即在百米或几十米长铁线上栓流动犬；②利用可旋转灯光，野猪主要在晚间危害百合地，用灯笼、可旋转灯光或爆闪灯驱赶；③利用声呐驱赶，可设置高音量喇叭，播放放鞭炮、犬吠、吹唢呐等声音，土壤封冻后野猪即不侵害百合地。需要注意的是，野猪具有灵动性，单一措施短期内可能有效，时间长后野猪可适应而不惧怕，需变换方法或采取联合措施预防。

5.2.3.6　霜害

种植过早或种植地选在林区霜道，及温室大棚周年栽培时保温或升温不及时易引起霜害，受霜冻后百合叶片虚肿，植株顶端停止生长。

防治方法：①林区农田栽培时注意地形结构，种植基地四周有森林时避免靠近林间道路或靠近河流等春秋季易产生霜害的区域，种植时需避开霜道或推迟种植时间；②关注天气预报并分析当地气候变化，在全球气候变暖的背景下，易发生极端天气；③充分重视低温造成的影响，南方塑料大棚栽培时做好充分防寒准备，如设置临时性取暖设备等；④种植地预备充足粉碎性干料，预报有霜冻时及时定点分散，凌晨 3 时左右点燃升烟至天明；⑤温室大棚白天增设反光板，晚间注意覆保温帘，确保百合不受霜冻影响。

第 **6** 章　　　　百合组织培养

　　长白山区大多数百合品种通过有性、无性繁殖可以获取充足的种源，仅有大花百合、渥丹、渥金等个别品种，由于地域分布窄、种源稀少，需通过组织培养来获取更多的种源。百合组织培养技术含量高，具有脱毒、繁殖系数高的优势。由于操作难度大，不同百合品种要求的培养基各不相同，特别是炼苗不易成活，制约了百合组织培养苗的工厂化生产。目前在国内百合组织培养技术主要用于大中专院校、科研部门开展科学研究。

6.1　植物组织培养的概念

　　植物组织培养（plant tissue culture）是指在无菌条件下将离体的植物器官（如根尖、茎尖、叶、花、未成熟的果实、种子等）、组织（如形成层、花药组织、胚乳、皮层等）、细胞（如体细胞、生殖细胞等）、胚胎（如成熟和未成熟的胚）、原生质体（如脱壁后仍具有生活力的原生质体），在人工配制的培养基上给予适宜的培养条件，诱发产生愈伤组织或潜伏芽，或长成完整的植株。由于是在试管内培养，而且培养的是脱离植株母体的培养物，因此也称为离体培养或试管培养。根据外植体来源和培养对象的不同，又分为植株培养、胚胎培养、器官培养、组织培养、原生质体培养等。

　　植物组织培养有广义和狭义之分。广义的植物组织培养又称离体培养，指从植物体分离出符合需要的组织，包括器官、细胞、原生质体等，通过无菌操作，在人工控制条件下进行培养，以获得再生的完整植株或生产具有经济价值的其他产品的技术。狭义的植物组织培养指用植物各部分组织，如形成层、薄壁组织、叶肉组织、胚乳等，进行培养获得再生植株，也指在培养过程中从各器官上产生愈伤组织，愈伤组织经过再分化形成再生植物的技术。

6.2　植物组织培养发展简史

植物组织培养与细胞培养开始于 19 世纪。1839 年 Schwann 提出细胞有机体的每一个生活细胞在适宜的外部环境条件下都有独立发育的可能。1853 年 Técul 利用离体的茎段和根段进行培养获得了愈伤组织（指没有器官分化但能进行活跃分裂的细胞团），但没有再生完整的植物。

1901 年 Morgan 首次提出一个全能性细胞应具有发育出一个完整植株的能力。全能性细胞指具有完整的膜系统和细胞核的生活细胞，在适宜条件下可通过细胞分裂与分化，再生出一个完整植株。1902 年德国植物学家 Haberlandt 首次提出细胞培养的概念，也是第一个用人工培养基分离植物细胞进行培养的人，通过分析，提出了激素作用的概念，认为植物细胞分裂受两类激素调节：①韧皮激素（leptohormone），与维管组织特别是韧皮部有关；②创伤激素（wound hormone），与细胞损伤有关。为后来激素理论的建立和在组织培养中广泛应用奠定了基础。

1934 年 White 用离体的番茄根建立了第一个活跃生长的无性系，使根的离体培养实验首次获得了真正成功，首次发现并提出维生素 B_1、维生素 B_6 和烟酸的重要性。与此同时，Gautheret 在山毛柳和黑杨形成层组织的培养过程中也发现了 B 族维生素的作用并培养成功。Nobecourt 也用胡萝卜建立了类似的连续生长的组织培养物。Haberlandt、White 和 Nobecourt 被誉为植物组织培养的奠基人，从此植物组织培养进入快速发展期。

1941 年，Overbeek、Conklin、Blakeslee 等用附加椰乳到培养基中，获得了曼陀罗属（Datura）植物离体胚培养的成功，在之后的研究中发现，在组织培养中起主要作用的是腺嘌呤类激素或类似物。1944 年，Skoog 报道 DNA 的降解产物腺嘌呤和腺苷可以促进愈伤组织的生长，解除生长素对芽形成的抑制作用，诱导芽形成。1948 年，Caplin 和 Steward 用实验证明椰乳与 2,4-D 配合，对培养的胡萝卜和马铃薯组织增殖起到明显促进作用。在用烟草髓细胞诱导愈伤组织的实验中，Skoog 等分离确定了 6-呋喃腺嘌呤对细胞分裂的促进作用，将其命名为"激动素"（kinetin）。之后，与此相关的同系物 6-苄腺嘌呤被合成，它也刺激培养物的细胞分裂，出现了"细胞分裂素"这一集合名词，专指刺激培养物细胞分裂的一组 6-"某某团"腺嘌呤的化合物。从此以后，玉米素、异戊烯基腺嘌呤和其他细胞分裂素等植物激素被相继发现，植物组织培养工作迅速取得突破。

1958 年美国的 Steward 和德国的 Reinert 分别用培养的胡萝卜细胞诱导形成了胚状体。1965 年 Vasil 和 Hildebrandt 用单个分离的细胞培养获得整个再生植株，植物细胞全能性的理论得到了科学证实，可以通过植物的组织或器官成功发育为完整植株。20 世纪 60 年代，花粉小孢子培养和原生质体培养成功。

Guha（1966）和 Maheshwari（1967），Bourgin 和 Nitsch（1967）先后利用烟草和胡萝卜小孢子培养获得单倍体植株，并成功实现了染色体的加倍，在 5 个月内收获种子。自此，植物组织与细胞培养逐渐被广泛利用，成为一种常规的实验技术，广泛应用于植物脱毒、快繁、基因工程、细胞工程、遗传研究、次生代谢物质的生产、工厂化育苗等众多领域，并走向工厂化和商品化。

目前，植物组织培养已经提出近百年，证明了植物每个细胞都含有该种植物的全部遗传基因，在一定条件下可以发育成一个完整的植株，同时可以在一定范围内按照人类的意愿改变或调节植物的生长性状。但是目前人类还未能完全破译植物的生长基因，即便是通过组织培养成功的植物也还有许多问题不能解决，植物的组织培养配方仍有待完善。近 40 年来，植物组织培养技术得到迅速发展，已渗透到植物生理学、病理学、药学、遗传学、育种学及生物化学等各个学科，成为生物学科中重要的研究技术和手段之一，并广泛应用于农业、林业、工业、医药业等多种行业，产生了巨大的经济效益和社会效益。可以设想有一天，随着科学的不断发展，众多珍稀濒危植物将会通过组织培养技术获得新生。

6.3 百合组织培养研究历程

传统的百合繁育技术已经成熟，主要是有性（种子）、无性（子球茎、珠芽、鳞片扦插）繁育等。大鳞茎、多鳞片或有珠芽的百合采用常规繁殖方法可以满足生产需求。有些珍稀品种受多种因素制约，常规繁殖方法满足不了人类对种源的需求，有些品种在自然界本身就是弱势群体，几近灭绝，需要采取人工措施加以拯救。此时组织培养的优势就体现出来，通过组织培养可以将种源保存、恢复，从而为研究开发争取时间，为物种延续起到关键作用。

常规繁殖方法的缺点是经过多代繁殖后易造成种源退化甚至病毒积累，影响百合的产量和质量，制约了百合鳞茎和切花的大规模生产。组织培养技术的应用，可以迅速去除病毒和更新品种，加快繁殖速度、缩短生长周期，弥补常规繁育种球扩繁量不足的缺点。国内外研究人员针对百合的组织培养开展了大量工作。1950 年，Dobreaux 等首次用纯白百合（*L. candidum*）花蕾成功诱导出小鳞茎。1957 年，Robb 首先发表了百合鳞片培养获得成功的报道，从而开创了百合离体培养的历史。黄济明（1979、1984）对 25 个种（或品种）进行了组培试验，证明百合的珠芽、鳞片、鳞茎盘、根、茎、叶、茎尖、花梗、花柱和未成熟胚等外植体均能被促进形态发生。新美芳二（1980）对百合鳞片、花被片、花丝、花柄等也组培成功，认为开花时各花器官和茎形成小鳞茎的能力最高。据不完全统计，国内外已组培成功用于观赏的百合有 100 多种。有研究人员对 30 多种百合进行组培，结果证实：不同品种、不同部位、不同产地的百合分化能力不同；由花柱或花梗培养的小苗，可以极大缩短营养生长时间，最短的（如麝香百合杂种系花柱培养的试管苗）从移栽到开花只需半年多的时间。用百合的花梗、花柱、子房、雌蕊等器官进行离体培养，花托最易成活，芽的诱导率最高。目前，百合植株的不同部位均可采用组织培养的方法繁育出新个体并进行快速繁殖。

6.4　百合组织培养的意义

1）病毒病是百合栽培过程中的主要病害，多年种植的基地往往发病严重，特别是百合无症状病毒、黄瓜花叶病毒、百合 X 病毒、烟草黄斑病毒和郁金香碎色病毒等几种主要病毒，对百合生长的危害严重。将百合植株的茎尖或珠芽生长点等器官接种到适宜的培养基上，可直接诱导出无病毒种苗，有效克服病毒对百合的侵染。

2）常规繁殖困难的百合品种大多是野生珍稀种源，由于种源稀少或原生地环境改变，需要人类采取措施进行种源复壮，通过组织培养可以有效解决种源扩繁的问题，获得大量种源，对科学研究起到关键作用。

3）组织培养技术对百合新品种的商业开发具有促进作用，可以快速大量繁殖园艺百合，具有不受季节限制、缩短生长周期、大量产出种苗、保存种源基因不退化的优点。

4）有效保存种质资源，杜绝气候、土壤、病虫害影响，节省土地及人力资源，适宜开展国际交流。一个容量为 280L 的普通电冰箱可存放 2000 支试管，所存种源可建成百合种苗基地近百亩。

因此，组织培养技术作为生物工程的一项重要技术，在基础理论研究和生产实践中发挥的作用与日俱增，具有深远影响和划时代意义。

6.5　百合试管苗的培养和保存

现在可以采用百合的任何部位进行组织培养，但以鳞片为主，鳞片以外部、中部的为主，供组织培养的面积不小于 $1cm^2$。消毒的方式及方法非常重要，与组织培养的成活率直接相关。

剥取健壮、无病斑、光亮的完整鳞片，剔除外层退化、病、残鳞片，将鳞片外层（最外 2 层）、中层（外数第 3～6 层），在流水条件下冲洗 3～5h，然后分别把内、中、外层鳞片置于 70% 乙醇溶液中消毒 10～30s、0.1% 氯化汞溶液中消毒 15min，后用无菌水冲洗 5～6 次。以向心面接种在 MS+BA 2mg/L+NAA

0.2mg/L 的固体培养基上，置于温度 20～25℃，光照 2000lx、14h/d 的条件下培养，诱导再生芽。生长至 1.5～2cm 时，转入 MS 分别添加 1%、2%、3%、4%、5% 的甘露醇培养基上，培养 4～5 周，转入温度 16～18℃，光照 1000lx、8h/d 的条件下保存。

培养基中添加甘露醇对提高试管苗的存活率和高度，促进球茎形成具有明显作用。试管苗保存 200d 以后，在不添加甘露醇的培养基上存活率为 71.4%，添加甘露醇 1%～3% 的培养基存活率为 85.7%～92.9%，在试管苗株高方面，不添加甘露醇的培养基平均株高 9.5cm，添加甘露醇 4%～5% 的培养基株高 3.0～4.5cm，这对试管苗的保存起重要作用。添加甘露醇 2%～3% 的培养基，植株基部明显膨大。保存 400d 后，不添加甘露醇的培养基试管苗鳞茎直径 2.5mm，添加甘露醇 2% 的培养基鳞茎直径 5.0mm，添加其他比例甘露醇的培养基均比对照组鳞茎直径大。

百合主要有 3 种基础培养基：①诱导培养基，MS+BA 1.0mg/L+NAA 0.1mg/L；②增殖培养基，MS+BA 0.5mg/L+NAA 0.5mg/L；③生根培养基，1/2MS+NAA 0.1mg/L。在此基础上，根据百合的不同品种及不同的获取部位，培养基的成分及用量相应调整。

6.6　长白山区野生百合组织培养

6.6.1　毛百合

取外、中层鳞片，用流水冲洗 1h，在超净工作台上用 75% 乙醇溶液浸泡 30s，0.1% 氯化汞溶液浸泡 10min 消毒，无菌水冲洗 5 遍。

诱导培养基和继代增殖培养基为：MS + BA 0.5mg/L+ NAA 0.5mg/L+ 30g/L 蔗糖 + 4g/L 琼脂，诱导率 81.7%，增殖系数 2.0；毛百合离体培养生根较容易，采用培养基 1/2MS + NAA 1.0mg/L + 蔗糖 15g/L + 琼脂 6.4g/L + 活性炭 1g/L，或 1/2MS + 蔗糖 15g/L + 琼脂 6.4g/L + 活性炭 1g/L，生根率均可达 100%。

6.6.2　渥丹

取鳞片外、中层，先用洗涤剂浸泡 20min 并用毛刷轻轻刷洗表面，然后用清水洗净。在无菌超净工作台上用 75% 乙醇溶液处理 30s，无菌水冲洗 2 次，再用 0.1% 氯化汞溶液做 2 次灭菌处理，处理时间 3+3、6+6、9+9min。之后用无菌水冲洗 5 次，然后将鳞片置于无菌滤纸上，待水分吸干后，用解剖刀切成 1cm×1cm 的小块进行接种。

诱导不定芽的最适培养基为 MS+NAA 0.1mg/L + 6-BA 2.0mg/L，增殖系数为 4.08。将丛生芽切成单株接种在 1/2 MS + IAA 0.5mg/L 的生根培养基上，15d

左右芽基部长出 4～6 条白色小根，继续培养 10d 后即可移栽。移栽前需炼苗 3～5d，洗净附着在苗上的培养基，栽于草炭土：蛭石 = 2：1 的基质中，保温保湿，待缓苗期过后即可栽入大田，成活率 80% 以上。

6.6.3　有斑百合

用自来水洗去表面泥土和污渍，用洗涤剂浸泡 15min，在自来水下流水冲洗 30min，然后在超净工作台上用 70% 乙醇溶液消毒 30s，再放入 0.1% 的氯化汞溶液浸泡 12min，无菌水冲洗 4～6 次后接种。

鳞片诱导不定芽的最佳培养基为 MS+BA 0.5mg/L + NAA 0.5mg/L，诱导率达 80.0%；最佳继代培养基为 MS +BA 1.0mg/L + NAA 0.1mg/L，增殖系数达 2.83；最佳生根培养基为 MS+IBA 0.5mg/L，生根率达 100.0%。试管苗最适扦插基质为珍珠岩，扦插成活率达 96.7%。

6.6.4　卷丹

鳞片用 70% 乙醇溶液消毒 20s，在超净工作台上用 0.1% 氯化汞溶液灭菌 12min。珠芽用 70% 乙醇溶液消毒 20s，在超净工作台上用 0.1% 氯化汞溶液灭菌 10min。

卷丹鳞片的分化能力外层最好，其次是中层；鳞片诱导效果近轴面向上好于远轴面向上。卷丹鳞片及珠芽的最佳诱导培养基为 MS + 6-BA 1.5mg/L + NAA 0.2mg/L，可诱导出生长势较强、数量较多的不定芽。最适合的增殖培养基为 MS + 6-BA 1.0mg/L + NAA 0.2mg/L，增殖系数达 8.0，百枚试管平均生根 7.5 条。

6.6.5　朝鲜百合

取鳞片外、中层，用流水冲洗 1 ～ 2h，置于无菌操作台中进行表面灭菌。在 75% 乙醇溶液中浸泡 20～30s，用无菌水冲洗 1 次，浸入 0.1% 氯化汞溶液中浸泡 10min，无菌水冲洗 4～6 次。

朝鲜百合鳞茎诱导培养基 MS+6-BA 1.0mg/L + NAA 0.2mg/L，诱导率 100%；继代培养基 MS+6-BA 1.0mg/L +NAA 0.1mg/L，增殖倍数 3.37，百枚试管平均发根数 3.13 条；增殖培养基 MS+6-BA 1.0mg/L +NAA 0.15mg/L，增殖倍数 4.50，百枚试管平均发根数 3.885 条。

6.6.6　大花卷丹

最佳取材部位是中层鳞片，用自来水清洗 30min，用 75% 乙醇溶液浸泡 30s，无菌水冲洗后置于无菌操作台中用 0.1% 氯化汞溶液表面灭菌 15min，无菌水冲洗 5 次后，在灭菌滤纸上吸干表面水分，切取鳞片中下部待接种。

大花卷丹不定芽分化最佳培养基为 MS+NAA 0.3mg/L +6-BA 1.5mg/L，其分化率可达 76.7%。最佳增殖培养基为 MS+NAA 0.2mg/L +6-BA 2.0mg/L，增殖系数达 4.91；最佳生根培养基为 MS + IAA 0.2mg/L，生根率达 96.7%，平均每苗根数可达 8.8 条。移栽前期最佳的基质配比为河沙：草炭土＝1：1，成活率达到 76.0%。

6.6.7　山丹

利用外、中层鳞片，用自来水冲洗 2h，用 75% 乙醇溶液浸泡 30s，无菌水冲洗后，置于无菌操作台中用 0.1% 氯化汞溶液灭菌 8min。在灭菌滤纸上吸干表面水分，接种于诱导分化培养基中。

诱导培养基为 MS + 6-BA 0.5mg/L + NAA 0.2mg/L，鳞片分化率最高达 80%，继代培养基 MS + 6-BA 1.0mg/L + NAA 0.1mg/L，平均芽分化倍数为 9.65，增殖培养基 MS + 6-BA 0.1mg/L + NAA 0.5mg/L 生长较好，生根培养基 1/2 MS + IAA 0.1mg/L + IBA 0.1mg/L 生根率达 90.5%。

6.6.8　垂花百合

利用外、中层鳞片，先用洗涤剂浸泡 30min，流水冲洗 1h，再用 70% 乙醇溶液消毒处理 30s，置于无菌操作台中用 0.1% 氯化汞溶液表面灭菌 12min。

鳞片不同部位诱导不定芽的能力不同，依次为下部＞中部＞上部，下部、中部、上部鳞片诱导率分别为 75.0%、68.3%、38.3%，平均每个外植体诱导不定芽数分别为 2.7 个、2.3 个、1.5 个，下部鳞片的诱导率和平均每鳞片诱导不定芽数显著高于上部鳞片；最佳诱导培养基 MS + BA 0.5mg/L + NAA 0.5mg/L 和 MS + BA 1.0mg/L + NAA 1.0mg/L 生长较好，诱导率分别为 67.5% 和 72.5%；增殖培养基 MS + BA 0.5mg/L + NAA 1.0mg/L，增殖系数为 2.9；生根培养基 1/2MS + IBA 0.5mg/L 生根较好，生根率 99.4%，平均单株生根数 9.6 条；适宜炼苗基质为河沙，成活率可达 94.0%。

6.6.9　东北百合

用洗涤剂洗去表面泥土和污渍，在自来水下流水冲洗 1h，用 75% 乙醇溶液浸泡 30s，然后置于无菌操作台中用 0.1% 氯化汞溶液灭菌 15min，用无菌水冲洗 5 次后接种。

东北百合鳞片组织培养诱导培养基 MS+BA 1.0mg/L + NAA 0.5 ～ 1.0mg/L 生长较好，培养基的不定芽诱导和增殖效果最好，诱导率为 80.0% 以上；最佳增殖培养基为 MS+BA 1.0mg/L +NAA 0.5mg/L，增殖系数为 4.1～4.6；生根培养基 1/2MS + NAA 0.5～1.0mg/L 或 1/2MS + IBA 0.1mg/L 生根效果较好，生根率为 96.0%。东北百合不同部位的鳞片诱导能力也有明显差异，依次为外层＞中层＞内层，因此外植体选外、中层为佳。试管苗质量是影响扦插成活的关键因素之一，试管苗在草炭土：珍珠岩 =1：1 的基质中扦插成活率为 96.0%。

第7章　长白山区园艺百合栽培技术

随着生活水平的提高，人们走向大自然、观赏祖国的美丽河山已呈常态化。长白山是我国5A级旅游景区，近几年随着宣传力度的加强，已经成为国内的旅游热点，游客争相领略东北地区粗犷神韵的自然风光。长白山区百合由于受海拔垂直分布特征的影响，9个野生品种的花期比较紧凑，盛花期与长白山夏季旅游黄金季节相吻合，游客可以在旅途中观赏众多盛开的百合花。

百合园艺栽培是百合观赏及鲜切花种植的发展方向，园艺百合品种的开发程度及消费能力，既体现利用野生百合开展杂交育种的科技水平，又能体现出当地居民的生活水准。园艺百合品种的引进，可以对长白山区百合观赏起画龙点睛的作用，众多的品种既可以延长百合的群花观赏期，又可以给游客带来美好的观赏效果，同时增加当地群众的收入。园艺百合品种的引进，既要确保引进的是最新品种，保证观赏效果的"新、奇、特"，又要考虑花期与当地气候相吻合，同时兼顾种植技术的可操作性，最后还要考虑越冬的安全性，避免由于越冬管理不当造成毁灭性损失。编者近年尝试引进部分荷兰百合园艺新品种，在观花、赏叶及田间管理等方面均具有可操作性，本章进行简要介绍。

7.1　品种

长白山区园艺百合品种及物候如表7-1所示。可以看出，引进的园艺百合品种特征如下。

1）长白山区园艺百合品种株高最高的是'红色天鹅绒'，株高达1m；最矮的是'状元红'，株高仅0.5m。这些品种由于花期不同，在栽培时按株高从低到高顺序栽培，可达到很好的观赏效果。

2）生长期最长的是'黑美人''深思''红色宫殿'，达110d；生长期最短的是'珍珠媚兰''红色天鹅绒''红色生活''珍珠雷恩''亚洲百合（橘红）'，生长期为95d。

表 7-1　园艺百合品种及物候表

	状元红	珍珠媚兰	白冠军	黑美人	红色天鹅绒	红色生活	粉色宫殿	深思	红色宫殿	珍珠雷恩	耶罗琳	丽彩橙卡	亚洲百合（橘红）	亚洲百合（黄）
株高/cm	50	72	60	70	100	81	65	74	80	65	70	55	75	85
生长期/d	100	95	106	110	95	95	103	110	110	95	102	107	95	100
鳞茎规格/cm	18~20	18~20	18~20	18~20	16~18	16~18	20~22	20~22	20~22	18~20	16~18	18~20	20~22	18~20
叶片数	47	67	46	45	165	101	57	56	42	106	100	75	98	58
开展度/cm	18.5	14	17	16	17	14.5	20	25	23	15	18	16	28	28
花分枝数	5	6	6	13	17	8	6	8	6	11	6	6	7	9
花径/cm	23	15	20	11	14.5	11.2	21	22	21	16	17.5	17	17.5	20
花色	朱红	黄	白	朱红白边	深红	红	粉	粉红	深粉红	橙红	黄	黄	橘红	黄
单花期/d	10	9	9	10	7	8	10	9	11	9	9	9	8	9
群花期/d	45	45	45	50	45	45	45	45	45	60	45	45	45	45
香味	淡	无	淡	中	无	无	中	浓	中	淡	中	中	无	无

主要繁殖方式　　　　鳞片扦插

注：鳞茎规格指三年生种球

3）鳞茎规格（三年生种球）最大的是'粉色宫殿''深思''红色宫殿''亚洲百合（橘红）'，为 20～22cm；最小的是'红色天鹅绒''红色生活''耶罗琳'，为 16~18cm。

4）叶片数最多的是'红色天鹅绒'，达 165 片；最少的是'红色宫殿'，仅 42 片。百合观赏不仅在于花朵，生长期间株型、叶片均有较高观赏价值：'黑美人''红色生活'的叶片均为暗绿色；'红色天鹅绒'叶片近披针型，密集纤细；'珍珠媚兰''珍珠雷恩'叶片层次分明，立体感强；'状元红''深思''粉色宫殿''红色宫殿'的叶片硕大，株型优雅；'耶罗琳'叶片坚挺，宛如游牧的俊俏少年；'红色生活'则如相思的少女对游牧少年尽情展示婀娜多姿的身段。

5）开展度最大的是'亚洲百合（橘红）'和'亚洲百合（黄）'，达 28cm；'珍珠媚兰'开展度最小，仅为 14cm。大多数品种开展度在 18cm 左右，与花冠开展度（盛花期）相近。

6）花分枝数最多的是'红色天鹅绒'，达 17 支，其花朵相对稍小、开放密集；最少的是'状元红'，仅为 5 支。

7）分枝数少的品种花径较大，花径最大是'状元红'，达 23cm；最小的是'黑美人'，为 11cm。

8）单花期最长的是'红色宫殿'，达 11d；其次是'状元红''黑美人''粉色宫殿'，分别为 10d；最短的是'红色天鹅绒'，为 7d。

9）群花期最长的是'珍珠雷恩'，达 60d；其次是'黑美人'，为 50d；其他品种均为 45d。如果合理安排栽培时间、错时栽培，群花赏析可贯穿仲夏。

10）具有浓香气味的是'深思'；香味其次的是'黑美人''粉色宫殿''红色宫殿''耶罗琳''丽彩橙卡'；淡香的有'状元红''白冠军''珍珠雷恩'；无香味的有'珍珠媚兰''红色天鹅绒''红色生活''亚洲百合（橘红）''亚洲百合（黄）'。

长白山区引进园艺百合品种时需注意以下几点：①气候适应性；②次年品种是否容易退化；③尽量选择生长物候期短的品种，避免早春及秋霜引起冻害；④尽量选择病虫害相对较少的品种，确保病虫害可防、能治；⑤与长白山区野生品种杂交试验的可行性（是否有花粉并且易取）；⑥是否为最新或较新品种，有利于市场营销。

7.2　繁殖方式

园艺百合的繁殖方式有鳞片扦插和鳞茎种植两种。

7.2.1 鳞片扦插

鳞片扦插是主要的繁殖方式，扦插方法有两种：①田间扦插，或温室育苗床扦插；②箱内育苗法。

7.2.1.1 田间扦插

适宜扦插的时间为早春和初秋。

早春，将种球外、中层鳞片剥下，剔除病、残鳞片，将剥下的鳞片用福尔马林80倍溶液浸泡30min，取出后用流水清洗干净，阴干后备用。也可用50%多菌灵可湿性粉剂500倍液加甲基托布津可湿性粉剂500倍液，浸鳞片30min，取出后阴干备用。选择前茬没有种过百合科植物的农田，提前进行土壤消毒，如果地块较好，可于整地时按说明施入90%敌克松可湿性粉加3%辛硫磷颗粒，通过旋耕机将药品施入。之后做成高20cm、宽100cm、长根据实际情况酌定的畦。如果土壤是多年的农田老地应尽量弃用，如果必须使用这种地块时，需用98%必速灭广谱土壤消毒剂（棉隆）进行土壤消毒，该消毒方法可以将土壤中的病菌、昆虫及杂草彻底消灭，但成本较高。扦插时按株距5cm、行距20cm开沟，沟深5cm，将鳞片凹面向上斜插于土壤内，回土覆盖，土壤偏干时须及时喷水。土壤湿度在60%~70%，空气温度20~25℃时，15~20d后开始形成小鳞状物质凸起，并逐渐形成种球，夏末时多数品种发叶生长。初秋，百合地上部分干枯后，结合百合收获进行有计划的扦插。土壤消毒与鳞片处理参照早春进行。由于初秋地温、空气温度较高，非常有利于鳞片的生长，是百合扦插的有利季节，生产上应充分利用该季节进行种苗培育。

温室育苗床扦插也属于农田扦插范畴，东北地区秋季在温室内扦插，优点是小鳞茎形成后可以通过人工增温使小鳞茎不休眠，提前一年形成商品种球，有利于提前占领市场并创造出较高的经济效益。扦插苗在温室育苗床生根后，冬季须注意温室温度不可忽高忽低，不同的品种所需光照时间不同，在扦插时最好做到一室一个品种，或在温室内进行间隔种植，有利于补光。

扦插苗生长至秋季，可以留一小部分进行越冬试验，试验时一部分上覆防寒物（以秸秆为主），一部分不覆盖防寒物。越冬试验最好进行三年。大部分百合种球起出后稍晾晒，洒多菌灵干粉，与干燥土壤混合后存放于贮藏窖内，次年春季取出鳞茎栽培。

7.2.1.2 箱内育苗法

箱内育苗法的容器以木箱为主，如果扦插数量较少，也可用泥花盆。扦插基质为细河沙，过筛后用高锰酸钾消毒，先在容器底部铺5cm厚河沙，将晾晒好的鳞片均匀摆放，间隙2cm，然后覆5cm细河沙，浇透水后，控制水不滴出，摆放到培养箱或温室大棚中催芽。温度控制在20~25℃，15d左右即可生根，移入苗床栽培即可。30～50d 鳞片基部内侧分化出幼苗，移入田间栽培，管理与田间扦插相同。

园艺百合鳞片扦插成活率与鳞片大小无直接影响，但是大鳞片在生根后及生长过程中的优势明显。在同等管理条件下，大鳞片种苗长势优于小鳞片，形成的小鳞茎较小鳞片多，即获得的种源量多。

7.2.2　鳞茎种植

鳞茎种植一般多在春季，可以根据当地气候适当调节种植时间，同时为了延长观赏周期，可以分时段栽培，即每隔 10d 种植一茬，最多种植三茬，种球种植前的整地与田间扦插相同。为了保证花朵质量，最好使用 98% 必速灭广谱土壤消毒剂（棉隆）进行土壤消毒，同时土壤应疏松、pH 中性、不板结。

园艺百合种植时应做畦种植，忌平地种植。畦长 10～20m，宽 1m，高 0.2m，作业道 0.5m。作业道一定要预留充足，切不可贪图多栽培鳞茎而将作业道缩窄，因为作业道具有以下作用：①可以在人工锄草时方便工人操作；②在雨季百合局部发病时可以阻止病虫害借风雨传播，为整体防治赢得时间。

百合种植时原则上以株行距 20cm×20cm 为主，但是不同品种的株型及花径差异较大，种植前必须详细了解种植品种的长势及形态特征，科学安排种植密度。鳞茎种植时三年生鳞茎覆土 8cm，二年生鳞茎覆土 5cm。

由于百合病虫害较多，所以鳞茎消毒不能忽视，否则极有可能带来毁灭性损失，轻者花蕾不开或开后无观赏价值，重者鳞茎腐烂、整株死亡、损失惨重。第一次种植时购买的鳞茎商家已进行消毒处理，购买后直接种植即可。自留鳞茎种植时（第二年），鳞茎必须进行消毒处理，消毒方法参照苗床扦插的消毒方法。

7.3　田间管理

7.3.1　中耕锄草

中耕锄草全年进行 3～4 次，主要在春季、夏季，视雨水情况酌情增加锄草次数，原则是保证种植基地无杂草生长。第一次锄草在苗高 10cm 时进行，第二次在苗高 20～30cm 时，结合锄草每亩追施不含氯的氮、磷、钾复合肥 25kg。第三次锄草在育蕾期，肉眼观察到现蕾后进行锄草，结合锄草每亩追施不含氯的氮、磷、钾复合肥 25kg。

7.3.2　排涝抗旱

园艺百合怕涝，栽培地持久湿涝时将无法生长。连雨天气若不能及时排涝，百合将会发生病虫害并死亡。园艺百合对干旱具有较强抵御能力，较轻旱情可不必浇水，蕾期及花期如果持续干旱，可用滴灌或高枝喷头雾化喷施。

园艺百合的排涝抗旱一定要高度重视，在种植前应对种植基地进行规划设计，铺设灌溉管道，种植基地选址通风良好的地块，种植时做畦种植，尽量降低园艺百合旱涝风险。

7.3.3　病虫害防治

园艺百合的病虫害较多，引进时鳞茎上往往有较多病斑，只能通过人工处理来抑制发病。初次种植时对百合的病虫害基本能够掌控，种植多年的地块百合病虫害防治有较大难度。中、小种植户如果土地供应充足，可以在种植 3 年后进行土地轮换，大型种植基地可用必速灭广谱土壤消毒剂（棉隆）进行土壤全面消毒。对园艺百合病虫害进行防治时，如果病虫害较重，可酌情加入适量叶面肥，可以起复壮植株的功能，增加抵抗病虫害的能力，需注意叶面肥及农药不能喷施到开放的花朵上。

7.3.4　施肥

园艺百合较喜肥，在种植前结合整地每亩施入发酵后的有机肥 1500～2000kg，过磷酸钙 25kg，饼肥 50kg，通过旋耕机随整地做畦均匀施入土壤中。第二、三次中耕锄草时，结合锄草每亩追施不含氯的氮、磷、钾复合肥 25kg。在生长期间，视情况可喷施 2～3 次叶面肥，如果长势强壮则不必喷施。

7.3.5　收获与贮藏

百合以生产鲜切花销售为主时，鲜切花质量等级及鳞茎标准参照附录 1 和附录 2。园艺百合鳞茎在长白山地区初次栽培时应进行越冬防寒试验，留少部分种球不作处理，观察越冬效果，越冬防寒试验须进行 3 年。其余种球起出后，种球进行消毒并稍晾晒，然后摆放于阔叶锯末或干燥的腐殖土内，一层层码放，中间放 3～5cm 腐殖土隔离。存放于贮藏室（窖）内，贮藏室（窖）须保持干燥并定期通风，温度保持在 0℃（±2℃）。

第**8**章　百合温室大棚类型

　　人民群众生活水平的提高、对美好生活的向往，快速带动了鲜切花产业化发展，特别是重大节日时需求量倍增。有针对我国百合鲜切花产业的调研显示，从日常生活中的结婚、生日、乔迁、开业、探望病人，到元旦、春节等传统节日，市场对百合鲜切花需求均十分旺盛，特别是春节，达到每年消费的顶峰。百合鲜切花生产若要围绕节日开展种植计划，必须依靠温室大棚进行周年种植。19世纪末，荷兰、比利时、日本等国就开始利用简易温室种植水果，这是最早利用建筑物开展农业种植的试验。随着高分子聚合物——聚氯乙烯、聚乙烯的出现，塑料薄膜广泛应用于农业。20世纪50年代，温室薄膜覆盖温床技术获得成功，小型塑料大棚的应用逐渐发展壮大。20世纪80年代，荷兰农业生产中的温室大棚面积已经发展到1万多ha，意大利也达到9000多ha，西班牙在80年代末期塑料温室面积达到3.8万ha。我国于20世纪80年代从国外引进现代化连栋温室，经过多年的消化吸收，设计出符合我国国情的多种规格温室，广泛用于蔬菜、水果、花卉等种植。特别是进入21世纪，连栋式温室的广泛应用使蔬菜、水果、花卉产品实现全年产出销售，带来了巨大的经济效益。

　　温室大棚又称暖房，可透光、保温、加温，通常分为以下三大类：①连栋式玻璃温室，优点是科学管理、空间大、利用率高、透光好、可用于机械操作，配套设施完备，采用电脑自动程序管理，能够创造良好的气候环境，满足作物的生长需求，抗冲击力强，缺点是运行成本高、保温性能差；②薄膜日光温室，优点是保温性好、节能、轻便、造价低、类型多、可因地制宜地设计建造，缺点是透光率稍低（双层72%，单层80%）、薄膜易老化需定期更换；③塑料大棚，优点是建造容易、骨架移动方便、运行成本低、增温快，南方花卉种植使用塑料大棚即可全年种植，缺点是散热快、抗冲击力弱、薄膜需定期更换。连栋式玻璃温室分为玻璃温室、塑料温室；薄膜日光温室分为单栋温室、连栋温室；塑料大棚分为单屋面温室、双屋面温室、加温温室、不加温温室、充气膜温室等类型。

　　关于百合鲜切花温室大棚种植技术本书因篇幅所限未进行详细介绍，读者请参阅其他相关资料。

8.1 连栋式玻璃温室

连栋式玻璃温室源于早期从荷兰引进的 VENLO 温室，可人工创造最佳的小气候环境，我国目前应用广泛，是综合利用面积最多的温室类型。一跨为三尖顶，温室有小屋顶，多雨槽，格构架，具有大跨度等特点，内部可方便地设计隔间。温室采用热镀锌钢作为骨架，玻璃为覆盖材料，铝合金型材或专用聚碳酸酯连接 / 密封卡件。结构高大，每栋大棚占地 1～3ha（图 8-1、图 8-2）。温室内设施齐全，生产由计算机操控，配有专业锅炉，风载 0.5kN/m²，雪载 0.3kN/m²。连栋式玻璃温室大棚具有如下系统。

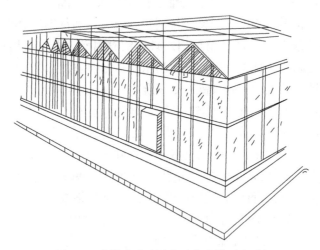

图 8-1 连栋式玻璃温室（集中排雨水型）

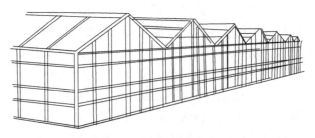

图 8-2 连栋式玻璃温室

8.1.1 加热系统

百合生长的适宜温度在 12～28℃，通过锅炉定向供暖，将管道在地下与地面相结合铺设，可以科学控制温室温度，无死角。

8.1.2　降温系统

现代化温室装备有卷帘机、电动天窗机。夏天开启天窗及卷帘机，覆盖遮阴网，可有效降温。此外，温室还设有强制换气设备及喷雾降温设备，这两种设备一般同时使用，或只使用强制换气设备。如果单一使用喷雾降温设备，在高温高湿条件下易诱发百合病害。

8.1.3　补光及遮阳系统

百合为非典型长日照植物，有些品种喜光，光照不足会引起生长不良，导致花芽发育不完全、形成落蕾或盲花，此时需要补光。温室补光主要采用照明系统及配有反光罩的太阳灯。有些品种不耐强光，特别是温室大棚种植时，强光会产生日灼病，因此须配套全自动遮阳设备，可有效降低光线强度。

8.1.4　二氧化碳补充系统

二氧化碳（CO_2）是气体肥料，是百合光合作用的基础，在一定浓度下，百合光合作用增强，对促进百合的生长、开花作用明显。在温室内由于百合夜晚呼吸作用排出 CO_2，所以清晨 CO_2 浓度最高，日出后随着光合作用的进行，CO_2 逐渐降到低于大气正常浓度的 0.03% 以下时，需补充 CO_2，浓度达到 0.08%～0.1%时，光合作用呈倍数增加，效果显著。

8.1.5　灌溉系统

温室的灌溉系统是重要的配套水利设施，通常有喷灌及滴灌两套设备。喷灌常用于夏季，可以同时利用喷灌兼施叶面肥及预防病虫害的药物，滴灌常用于冬季。温室需建水箱或蓄水池，可以对水源进行沉淀、消毒、升温。

8.2　薄膜日光温室

薄膜日光温室是目前百合种植户使用最广泛的温室类型，以双膜单栋为主，面积按种植户的需求而定，一般不超过 $667m^2$。主要利用太阳光照升温，可有效预防霜冻。配备有卷帘机，内设升温设备以火炉或锅炉为主，在北方冬季寒冷时，通过增温及保温，可以周年生产百合鲜切花（图8-3、图8-4）。

薄膜日光温室一般拱高 2.5～3m，跨度 6～8m，拱架距 0.8～1m，东西走向，背面砌墙，墙体厚 50～80cm，东、南、西面挖宽 30～40cm、深 50～60cm的防寒沟，内填锯末、树叶、干草、干马粪等，上覆一层薄膜，然后覆土，北侧外墙基可挂一层塑料布，可有效减少热量损失。薄膜日光温室建造时应注意骨架材料的抗雪、防风性能。种植百合时由于昼夜温度变化大，管理需精细，防止发生冻害及病虫害。

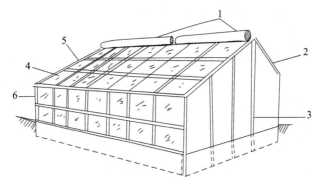

图 8-3　薄膜日光温室正面示意图

1.卷帘机；2.后拱（保温板）；3.拱高；4.双层玻璃或双层无滴膜；5.两侧保温墙板；6.前侧

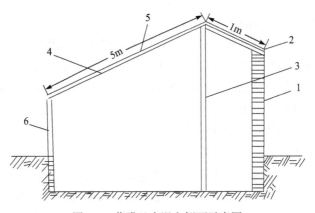

图 8-4　薄膜日光温室侧面示意图

1.后墙；2.后拱；3.拱高；4.拱架；5.双层无滴膜；6.前立柱

8.3　塑料大棚

　　塑料大棚是 20 世纪 70 年代最早在我国兴起的简易园艺设施，至今仍然是我国农业温室大棚的主力军，在反季节水果、蔬菜、花卉种植和经济动物饲养等方面，塑料大棚发挥了巨大作用。塑料大棚优点有低成本，建造容易，移动方便，透光好，便于操作，防风、防雾、防霜冻，空间大，土地利用率高。缺点是无保温设施、散热较快、薄膜须经常更换。目前塑料大棚已经由初期的单层膜转向双层膜（图 8-5、图 8-6）。

　　云南、贵州、广西、广东、福建等地冬季最低气温只有 –3℃，种植百合时利用塑料大棚即可安全越冬。在南方通过对双层塑料大棚增加防寒措施可以实现百合的周年种植。北方在无保温、增温的条件下利用塑料大棚，可以在春季提前及秋季延后一个月种植园艺百合，对百合鲜切花占领市场份额具有重要意义。

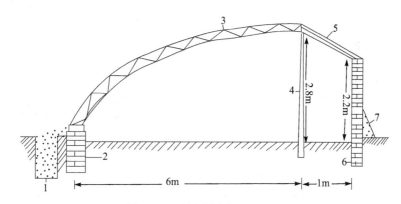

图 8-5　双层塑料大棚

1. 防寒沟；2. 墙体；3. 拱架；4. 拱高；5. 后拱；6. 后墙；7. 防寒土

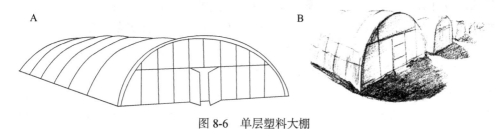

图 8-6　单层塑料大棚

A. 矮型冷棚，适用于长江以南地区；B. 高型冷棚，适用于长江以北地区

　　我国塑料大棚以圆拱形为主，也有屋脊形，骨架分为竹木结构、钢结构两大类。一般长 30～60m，跨度 6～8m，顶高 2.5～3m，肩高 1.5～1.8m，拱架距 0.8～1.2m，目前使用的薄膜由聚乙烯膜向无滴膜和长寿无滴膜发展。骨架多为 12～16mm 钢筋或全镀锌管，这种大棚骨架使用寿命在 10 年以上。每栋大棚面积不宜超过 667m²，每栋大棚种植一个品种时易于管理。

第 9 章　百合加工、食用及药用

　　百合集观赏、食用、药用价值于一身，全身都是宝，在我国具有悠久的食用及药用历史。我国食用百合主要有宜昌百合（*L. leucanthum*）、龙牙百合（*L. brownii* var. *viridulum*）、兰州百合（*L. davidi* var. *unicdor*）、川百合（*L. davidii*）四大品种，各地也食用其他地方野生品种。百合传统的食用方法以蒸、煮为主，目前已发展到炒、炸、焖、烧等，百合具有清热解毒、润肺止咳、补中益气、消肿抗癌、美容、提高免疫力等功效，目前有关百合的菜肴食谱多达几百个。目前百合食用制成品已有保鲜百合、冻百合、鲜百合真空包装、百合粉、百合片（鳞片）、百合面粉、百合水饺、百合汤圆、百合馒头、百合粽子、百合面条、百合粉丝、百合花茶等十余种产品。百合养生保健食品目前主要有百合果汁、百合露、百合蜜酒（果酒类）、百合酒（白酒类）、百合啤酒、口服液、百合奶片、百合晶、罐头、含片（食）、营养胶囊、蜜饯、月饼、蛋糕、饼干、糖等。调味品有百合酱油、醋等。

　　药用品种主要有《中国药典》（1995 年版）公布的卷丹（*L. lancifolium*）、龙牙百合（*L. brownii* var. *viridulum*）、山丹（*L. pumilum*）三个品种，各地也用其他野生品种代替入药。百合是我国传统中药，各类组方多达千条，随着科技发展，百合的研发及使用提升到了更高的层次，在疑难病症的预防及治疗方面具有独特优势，应用学科涵盖内科、儿科、妇科、男科、外科、皮肤科、眼科、耳鼻喉科、养生美容等，中西医联合用药疗效显著。百合的药剂有百合片剂、百合颗粒、百合固金丸、百合定喘丸、百合地黄汤、百合冲剂、口服液及百合多糖、百合苷、百合多酚、百合花提取物等。美容化妆品有百合洗面奶、沐浴露、洗发精、百合美容醋等。

9.1　加工

　　百合加工成品包括百合干、百合脯、百合粉、百合饮料等，深加工产品包括百合梨糖、百合虫草养生露、百合酒、含硒百合猪肉肠等。

9.1.1　百合干

9.1.1.1　鳞片选择

秋季将收获的三年生鳞茎按品种分类，用利刃将鳞茎基部切掉，散落的鳞片按级分拣，原则上每两层为一级，目的是在加工过程中用沸水焯时受热均匀，同时在商品销售时按规格定价。分拣后立即清洗备制，不要放到阳光下，避免晒后变色。

9.1.1.2　沸水焯片

用大锅将水烧沸，按级投入鳞片，每次投放数量以沸水体积的三分之二为佳，武火沸煮，大鳞片煮 7～8min，中鳞片 5～6min，小鳞片 3～4min。当鳞片变为米黄色再变为白色，或鳞片有微裂时迅速捞出，投入凉水中冷却并漂出黏液，凉透后捞出沥干水分待晒，每锅水焯二次鳞片后换掉。

9.1.1.3　干燥

干燥方法有自然晾晒、人工干燥、机械干燥 3 种。

（1）自然晾晒

晾晒前关注天气预报，晴天时进行，将焯过的鳞片放入竹帘或遮阳网上均匀摊开，晾晒时须离地支架，当日不能翻动，待鳞片 5～6 成干、手触感坚硬不易折时可以翻动，直到晒干收贮。

（2）人工干燥

此法是弥补持续阴雨天不能进行自然晾晒的一种方法，通过此方法可以避免百合鳞茎收获后长时间不能加工的问题，主要是通过人工搭火炕的方法进行烘干。缺点：①需投入经费搭火炕；②烘干过程中需注意温度变化，避免温度偏高或偏低；③烘干过程中火炕头与火炕尾温差较大，需不停观察并调整鳞片位置以控制升温速度。

目前较多种植户在使用火炕干燥时对火炕进行改造，传统火炕是头部盘灶烧火，尾部立烟筒，现在改为前面分段立多个灶台，后面立多个烟筒，前后之间距离 2～3m，宽度以每 2m 为一个间距设计灶台，这样的火炕前后温差较小，有利于提高烘干质量（图 9-1）。烘干操作时，必须严格控制烘干温度，适宜温度为 32～42℃，鳞片大烘干温度偏高，鳞片小则温度偏低，注意观察翻动鳞片，否则易引起焦化变色。

（3）机械干燥

机械干燥是最先进的烘干方式，是百合干燥加工的发展方向。由于设备造价

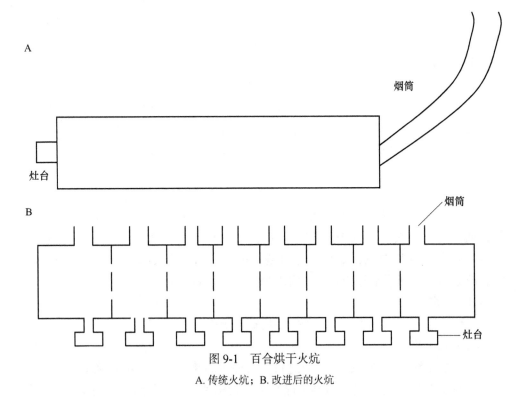

图 9-1　百合烘干火炕

A. 传统火炕；B. 改进后的火炕

高，大多数种植户不会购置，只有大型百合种植农场或加工企业会购置烘干设备。优点是通过计算机控温，烘干质量达到统一标准，无过火或缺火现象，减少用工成本及薪炭费用，可一次大量烘干，节约时间。缺点是一次性投入费用较高。

百合进入烘干室后，温度控制在 70～75℃，当烘干室湿度超过 70% 时，须通风 10～15min，将湿度降至 50% 以下后关闭通风设备继续升温，随烘干进程反复 3～4 次，每隔 20～30min 须通风排湿一次。烘干标准：手感硬脆，掰开时中心不软，折断面干脆整齐。干燥后，鳞片须放入室内 2～3d 进行回软处理，鳞片干湿比达到（3.5～4）：1 时进行包装，存放于阴凉通风处。

9.1.1.4　分级与包装

（1）分级

百合干质量分为四级，标准如表 9-1 所示。

（2）包装

百合干分级后进行包装，包装材料选用食品塑料袋或自封袋，无特殊要求时每 250g 或 500g 一袋，然后统一装入专用包装箱，包装箱印统一标志，贮藏于干燥且具有通风设施的仓库，其间定时检查，避免受潮霉变、虫蛀鼠咬。

表 9-1　百合干质量标准

级别	标准	指标
一级	片大肉厚、大小均匀、微黄、色泽鲜明整洁，无霉烂、虫蛀、折断、麻色，品相好	
二级	片较大肉厚、大小相对均匀、色泽微黄鲜明、整洁，无霉烂、虫蛀、折断、麻色，品相好	白色或微黄色，肉质呈透明状，干爽略带韧性，水分少于 14%，杂质低于 0.5%，具有百合特有气味，口感微苦、面
三级	色泽鲜明，整洁，麻色，无霉烂、虫蛀，斑点及黑斑面积 ≤鳞片面积的 10%	
四级	色泽鲜明，整洁，麻色，无霉烂、虫蛀，斑点及黑斑面积 ≤鳞片面积的 30%	

9.1.2　百合脯

9.1.2.1　备料

选用新鲜个大、鳞片肥厚、无虫、无伤、无霉烂的鳞茎为原料，按外、中、内三个等级将鳞片逐层剥下，内蕊不选用，用清水洗净沥干备用。

9.1.2.2　烫片

将鳞片按等级依次放入沸水中，不断翻搅，煮沸 1～2min，立即捞出放入冷水中冷却漂洗，然后捞出沥干。

9.1.2.3　硬化

用生石灰与清水配成浓度为 10% 的石灰液，取石灰澄清液倒入缸或池内，放入烫片浸泡 6～8h，每小时翻动 1 次，使其均匀硬化，然后捞出鳞片，用清水冲洗掉石灰液，沥干备用。

9.1.2.4　配糖

取白砂糖 16 份、葡萄糖 16 份、净水 68 份，共沸煮制成浓度为 32% 的糖液，再加入糖液重量 0.3%～0.5% 的柠檬酸和苯甲酸钠，用 4 层纱布过滤后备用。

9.1.2.5　熬糖

将鳞片放入糖液中沸煮 3～5min，向锅内加入白糖，将糖液浓度调至 43%，继续沸煮 3min 后捞出，放入浓度为 43% 的凉糖水中浸渍 12h。

9.1.2.6　干燥

干燥的方法有 3 种：①将糖煮鳞片捞出后，均匀平铺在竹帘或遮阳网上日晒干燥，上盖纱罩以防蚊蝇污染；②放置于玻璃温室中自然干燥；③将鳞片平摊在烘盘上，放入烘干箱（室），设置 60℃、10～14h 的烘干参数 6h 后翻动 1～2 次，成干脯后取出。

9.1.2.7　包装

鳞片含水量低于 15% 时，按色泽、大小进行分级，用食品袋包装后即成百合脯成品。

9.1.3　百合粉

9.1.3.1　磨浆

将收获的百合（或加工其他产品后剩余的小鳞片）去除杂质、病斑、软鳞片，去根及基盘，清洗干净，鳞片量少时使用家用榨汁机，商业化生产时使用磨浆机，加入适量水，磨成百合浆。

9.1.3.2　过滤

用制作豆腐的滤布进行过滤，方法：先建一个十字架，将滤布四角吊起，下放水缸，将百合浆倒入滤布，不断摇动并加入清水，残渣进行二次重磨，之后继续过滤，直至渣中无白汁。过滤后的液体在缸中沉淀，待水澄清后，倒出清水。将百合水淀粉取出移入另一缸中，加入清水搅动后继续沉淀，沉淀的目的是将杂质浮起滤出及将沙石沉至缸底。

9.1.3.3　干燥

将沉淀后的百合淀粉装入干净的布袋，悬吊 12h，沥干水分，采用烘干或晾晒方法制成干粉。优质百合粉的标准：洁白晶莹，颗粒细小，手指轻捻感觉滑腻，沸水冲泡糊状透明，气味纯正，食味甘美。百合鲜品加工出粉率 10%～13%，百合粉贮藏宜用陶瓷类容器密封保存，保存期可达 10 年。

9.1.4　百合饮料

百合饮料清香味纯，营养丰富，色、香、味俱佳。百合饮料随配料不同，其工艺、口感均不相同，本书只择取以百合为主要原料的饮料进行工艺介绍。

9.1.4.1　清洗

将收获的鲜百合去除杂质，去除带病斑、软的鳞片，去根及基盘，清洗沥干后称重。

9.1.4.2　磨浆

用磨浆机进行粉碎，磨浆后加入 0.2% 维生素 C 和 0.1% 柠檬酸，防止氧化变色。如果一次粉碎后有较粗颗粒，过滤后需对颗粒二次粉碎。将浆料用 60 目的尼龙滤布过滤，滤液于沉淀池中静置 12h。

9.1.4.3　配料

将 6% 蔗糖和 0.1% 羧甲基纤维素（CMC）用水熬制，与沉淀池中的上层百合清液混合均匀，调配至适宜口感。

9.1.4.4　均质、脱气

将配好的液体经 180 目尼龙滤布精滤后，送入高压均质机中，控制均质压力在

18MPa 左右，同时开启脱气机，控制真空度不小于 600mm 汞柱，进行脱气处理。

9.1.4.5　灌装、灭菌

均质脱气后的料液由储罐泵入灌装机中进行灌装，真空封罐，封罐时真空度不小于 380mm 汞柱。用卧式高压灭菌锅，蒸汽压力 0.15MPa，121℃灭菌 10min，冷却至 70℃以下后出锅。

9.1.4.6　检验、贴标、入库

经检测无漏气、胀罐、胀盖后贴标签，注明生产日期，装箱入库待售。

9.1.5　百合保鲜技术

百合保鲜技术是近年发展的新技术，其特点是通过真空保鲜使消费者领略到百合鲜品的色、香、味、形，增加百合产品的类型。百合利用真空保鲜技术可以保鲜 60d，便于长途运输及贮藏销售。

9.1.5.1　收获

百合采收时避免机械划伤鳞茎，采收后阴干 2d，然后用毛刷除去泥土，剥掉外层软、腐烂、病斑鳞片，使百合鳞茎达到新鲜、洁白的状态，根部无泥土，须根长度不超过 1cm。

9.1.5.2　密封

将百合称重分级，每 2 头或 4 头为一袋。封口与百合之间有 3～4cm 间距，一般真空度为 0.080～0.095MPa，抽真空时间为 10～20s，封口加热时间为 3～5s。

9.1.5.3　装箱贮藏

分级包装后，装入专用泡沫箱，先在 13～15℃预处理 2 周，然后放入 2℃贮藏室存放 8 周进行低温休眠处理，之后放入−2～−1.5℃贮藏库中贮藏，离地 10cm 处码放，其间进行销售，60d 内销售并食用完毕。

9.2　食用

百合富含淀粉、蛋白质、脂肪、糖、果胶、磷、钾、钙、铁、多种维生素及氨基酸，同时含有百合苷 A、百合苷 B 及秋水仙碱等多种生物碱，经常食用百合可以扶正固本、健身强体、延年益寿。百合食用方法很多，共分两大类：一类以干粉冲饮、粥类为主；另一类以菜肴烧制为主，均有食疗保健作用。

9.2.1　百合粥类

南瓜百合粥

原料：南瓜 75g、百合 20g、大米 200g。

配料：盐、味精。

制法：南瓜去皮、瓤，洗净切块。百合洗净，掰成瓣，放沸水锅中焯 3min，捞出放入清水冷却，沥干水分备用。大米淘洗干净，入锅后加入适量水浸泡 30min，旺火烧沸，放入南瓜块，转小火煮约 30min，下入百合、盐、味精，煮至黏稠即可食用。

保健功效：健脾养胃，清肠消脂。

薏米莲子百合粥

原料：薏米 50g、莲子（去心）30g、百合 20g、粳米 200g。

配料：红糖适量。

制法：锅中加水适量，放入薏米、莲子和百合煮烂，取出，再与粳米同煮粥，加适量红糖调味食用。

保健功效：有健脾祛湿、润肺止泻、健肤美容作用。

注：糖尿病患者慎食。

健脑核桃粥

原料：粳米 100g、核桃仁 25g、百合 10g、黑芝麻 20g。

制法：粳米淘净，与核桃仁、百合、黑芝麻一起放入砂锅，加水适量，用文火炖煮，熟透即可。

保健功效：对思维迟钝、记忆力减退尤其兼有肾虚腰痛、低热者极为适用。

美白祛斑粥

原料：红豆 80g、绿豆 80g、百合 25g。

配料：冰糖适量。

制法：将绿豆、红豆、百合洗净，用清水分别浸泡 2h。锅中注入适量清水，放入泡好的绿豆、红豆，大火煮开后，小火煮 1h 至豆子熟烂，加入百合，继续用小火煮 20min，然后加入冰糖煮 5～10min 即可。

保健功效：美白祛斑，清热解毒，消暑止渴，滋润皮肤。

注：糖尿病患者慎食。

百合粥

原料：百合 20g，糯米 50g。

配料：冰糖适量。

制法：百合泡发后切碎，再与糯米同入砂锅内，煮至米烂粥稠，加冰糖即成。早晚 2 次食用。

保健功效：具有养阴润肺、宁心安神的作用，适于肺阴不足者食用。

注：糖尿病患者慎食。

百合甜杏粥

原料：鲜百合 60g、甜杏仁 15g、粳米 100g。

配料：白糖20g。

制法：将鲜百合去杂后掰成瓣，洗净。甜杏仁、粳米淘净后，同入砂锅，加水适量，先用大火煮沸，加鲜百合，改用小火煮 1h，粥稠黏状时调入白糖，拌均匀早晚 2 次食用。

保健功效：对燥热型急性支气管炎尤为适宜。

注：糖尿病患者慎食。

百合绿豆粥

原料：绿豆 250g、鲜百合 100g。

配料：冰糖适量。

制法：绿豆洗净，百合掰开去皮洗净，同放入砂锅内，加适量水，大火煮沸，改用小火煲至绿豆开花、百合软烂，加入冰糖即可。

保健功效：清热解毒，用于暑热心烦、口干、多汗，也可用于防治感冒。

注：糖尿病患者慎食。

9.2.2　百合汤类

百合枇杷汤

原料：鲜百合 50g、鲜枇杷 100g、鲜藕 100g、杏仁 10g。

配料：白糖、桂花。

制法：将鲜藕洗净、切成片，与百合、枇杷、杏仁一同入锅，加水煮，待将熟时加少许白糖、桂花调味即可。

保健功效：滋阴润肺、止咳，适用于辅助治疗肺阴虚、口燥咽干、痰少难咳。

注：糖尿病患者慎食。

补阴蛤蜊汤

原料：蛤蜊肉 200g、百合 30g、玉竹 15g、山药 30g。

配料：味精、盐、姜、料酒、猪油。

制法：将蛤蜊肉用热水略泡，洗净，放入碗中，将浸泡水沉淀，取上层清汤倒入盛蛤蜊肉的碗中，隔水蒸 30min。将百合、玉竹、山药分别洗净，山药切片。锅烧热，加少量猪油，放入姜爆香，加入料酒及适量水，倒入蛤蜊肉和蒸蛤蜊的汤，放入百合、玉竹、山药、用大火烧沸，改用小火炖 15min，加味精、盐调味即成。

保健功效：益肺固肾，养阴润燥。

薏米百合瘦肉汤

原料：猪瘦肉 500g、薏米 15g、胡萝卜 50g，莲子、百合、玉竹、芡实各 15g。

配料：盐。

制法：薏米、莲子、百合、玉竹、芡实洗净，用温水浸泡 30min，备用。猪瘦肉切成小块，放入沸水中焯煮 1min，捞出洗净血沫。胡萝卜洗净切成小块备用。锅中入水煮沸，放入肉块、胡萝卜、薏米、莲子、百合、玉竹、芡实，大火煮开后再转小火煮 3h，加盐调味即可。

保健功效：祛湿开胃、祛痰健肺，特别适宜身体瘦弱的老人食用。

清补肉汤

原料：猪瘦肉 150g，淮山药、薏米、芡实、百合、莲子各 110g，玉竹 5g。

配料：盐。

制法：将所有材料洗净。猪瘦肉洗净，切成粗条，入沸水中焯一下。将全部材料放入锅内，加适量清水，小火煮 2h，加盐调味即可。

保健功效：补气养阴，利湿清热，生津止渴，固肾涩精，健脾止泻，润肺止咳，养心安神，润燥滋阴。

莲肉百合麦冬汤

原料：百合 50g、麦冬 20g、莲肉 50g。

配料：白糖适量。

制法：百合、麦冬洗净，水煎 2 次，每次用水 400mL，煎半小时，2 次混合，去渣，再将莲肉洗净放入，煮至酥烂时，加入白糖，煮至糖溶，分 1～2 次服。

保健功效：适于热病后期、余热未清、心烦口渴、心悸不眠、肺热咳嗽、痰中带血者食用。

注：糖尿病患者慎食。

百合芦笋汤

原料：百合 50g、罐头芦笋 250g。

配料：黄酒、味精、精盐、素汤各适量。

制法：先将百合发好洗净，锅中加素汤，将百合放入汤锅内，烧几分钟后，加黄酒、精盐、味精调味，倒入盛有芦笋的碗中即成。

保健功效：佐餐食用，每日 1～2 次，可长期食用，适于肺胃阴虚者、高脂血症及肥胖症患者食用，人皆可食，可防癌延年。

百合银耳汤

原料：百合、太子参、银耳各 20g。

配料：冰糖适量。

制法：将百合、太子参用清水洗净，银耳浸泡后去根部黑蒂，加水适量，共煮汤，水沸 30min 后，加入冰糖融化即成。

保健功效：益气养阴，润肺止咳，佐餐食用，适用于气阴两虚之人。

注：糖尿病患者慎食。

鸽蛋百莲汤

原料：鸽蛋 2 个、百合 20g、莲子肉 30g。

配料：白糖适量。

制法：百合、莲子肉洗净，放入锅内大火炖半小时，改用小火炖至莲子酥烂，打入鸽蛋，煮至蛋熟，加入适量白糖，待糖溶化后即可。

保健功效：益肾固精，延年益寿，饮汤食蛋、百合和莲子，每日 1 次，连服 10～15d，适用于肾精不固引起的阳痿早泄、腰膝酸软无力者。

注：糖尿病患者慎食。

百合乌鸡参汤

原料：乌鸡 500g、百合 25g、西洋参 5g、枸杞子 20g、当归 15g、沙参 25g。

配料：盐。

制法：百合、枸杞子、当归、沙参洗净，西洋参略洗，切片。乌鸡宰杀，去毛、内脏，洗净、切大块，入沸水中焯 3～5min。将全部原料放入砂锅内，加入适量清水，大火煮沸，转小火煲 2h，加盐调味即可。

保健功效：百合润肺止咳，清心安神。西洋参补气养阴，润肺降火，养胃生津。枸杞子补肝肾、生精血，益精明目。当归补血，行血，润肠，调经止痛。沙参养阴清肺，化痰益气，乌鸡可补虚弱，治劳损，滋阴壮阳。

百合丝瓜汤

原料：百合 20g、丝瓜 50g。

配料：葱白、植物油、白糖。

制法：丝瓜洗净，去皮切片。百合洗净，去杂质。葱白切段。油放锅内烧热，加适量水、放入百合煮 30min，放入丝瓜、葱白、白糖，小火煮 15min 即成。

保健功效：滋阴清热，利水渗湿，养颜。

注：糖尿病患者慎食。

9.2.3　百合羹类

蒸豆腐黑木耳羹

原料：豆腐 200g，黑木耳、莲子、百合、豌豆各 20g，胡萝卜、土豆（去皮）、黄瓜、芹菜各 30g，大枣（去核）10 个，鸡蛋清 2 个。

配料：麻油、精盐、味精、葱花、姜末、水淀粉、鲜汤各适量。

制法：豆腐放入碗内捣烂成泥，加入蛋清、葱花、姜末、精盐、味精搅拌成糊状。黑木耳泡发后择洗干净、切碎，将莲子、百合泡软、切碎，豌豆、胡萝卜、土豆、黄瓜、芹菜、大枣洗净后切成碎末，加上水淀粉、精盐、味精拌匀。上述材料均倒在豆腐糊上，上笼屉用大火蒸 5min 取下。锅内放入鲜汤、麻油、精盐烧开，用水淀粉勾芡，浇在蒸好的豆腐上即可。

保健功效：补虚扶正，抗邪防病，益寿延年，养颜美容，佐餐食用，适用于体质虚弱、正气不足、抗病能力低下、面容衰老等病症。

紫薯百合银耳羹

原料：水发银耳 180g、鲜百合 50g、紫薯 120g。

配料：白糖 15g、水淀粉 10mL。

制法：紫薯去皮，洗净沥干，切成丁备用。锅置于火上，加入适量清水，烧开后放入银耳，水沸后 2min 捞出，沥干水分。锅内加适量水烧开，放入紫薯丁、百合、银耳，加盖小火焖炖 15min。加入白糖继续炖，此时不断顺时针搅拌，白糖溶化后，放入水淀粉，继续搅拌，至黏稠出锅，凉后放入密封罐，贮存于冰箱冷藏，可随时食用。

保健功效：养胃理气，滋阴强身，对消化不良、肥胖症患者具有保健功能，久服可增强机体免疫力。

注：气滞积食者不宜过多食用，糖尿病患者慎食。

洋参百合羹

原料：西洋参 3g、雪梨 1 个、荸荠 5 个、百合 20g。

配料：冰糖 30g。

制法：荸荠用清水洗净，去皮捣烂，雪梨去皮、核，切成小碎块，百合洗净，西洋参研成末。将百合、荸荠、雪梨放入锅中，加适量水，小火煮 50min 至熟烂成糊状时，加入冰糖、西洋参末，搅匀融化后盛入干净玻璃瓶中。

保健功效：每次 1～2 汤匙，每天服 3 次。滋阴润肺，止咳化痰，清热除烦，适用于慢性支气管炎患者。

注：糖尿病患者慎食。

百合桂花羹

原料：百合 60g、桂花 2g。

配料：白糖适量。

制法：将百合用清水浸泡 2h，入砂锅中，加水煮 1h 至百合酥烂，加入桂花和白糖，再炖 5min 即成。

保健功效：补心益脾，温中散寒，暖胃止痛。每天晨起空腹食下，20d 为 1 个疗程。适用于胃、十二指肠溃疡者。

注：糖尿病患者慎食。

红枣百合莲子羹

原料：红枣 20g、莲子 30g、百合 15g、大米 60g。

配料：冰糖适量。

制法：大米淘洗干净，浸泡片刻后捞出，沥干水分备用。红枣、百合分别洗净，莲子泡发，去掉莲心备用。锅置于火上，在锅中注入适量的清水，放入洗净的大米，莲子，大火煮至米粒绽开后，再放入红枣、百合，大火煮沸后转小火慢熬至粥香时，放入冰糖搅拌均匀，煮至融化即可。

保健功效：滋阴补虚、补血安神。适用于贫血、神经衰弱、失眠者。

注：痰多者、大便燥结者、糖尿病患者慎食。

百合核桃羹

原料：百合 25g、核桃仁 10g、黑芝麻 12g，女贞子、生地黄各 5g。

配料：蜂蜜。

制法：将女贞子、生地黄洗净，同入锅加水煎煮，去渣取汁。将百合、核桃仁用水浸泡 1h，再入锅加水，小火煮 40min，羹汁续煮 30min，加入蜂蜜、黑芝麻拌匀，煎煮 15min 后即可食用。

保健功效：补肝肾阴。适用于男科疾病。

注：泄泻、肾阳虚者不宜食用，糖尿病患者慎用蜂蜜。

百合豆沙羹

原料：绿豆沙 200g，洋菜粉、鲜百合、扁豆各适量。

配料：麦芽糖 50g，蜂蜜 40g。

制法：百合洗净，撕小片，扁豆洗净。将百合、扁豆放入豆浆机中，加水磨成汁，倒入锅中。锅上火，倒入适量水，放麦芽糖、洋菜粉、绿豆沙、蜂蜜，边煮边搅拌，约 20min 后倒入模型中。将模型放入冰箱中冷冻，凝固后取出，切菱形块即可食用。

保健功效：养阴补虚、排毒美容、健脾补虚、消热解烦。

注：脾胃虚寒者、糖尿病患者慎食。

大黄百合羹

原料：制大黄 5g、百合 30g、大枣 10 枚、薏苡仁 50g。

配料：红糖 20g。

制法：将制大黄洗净，切片后晒干或烘干，研成细末，备用。将百合、大枣、薏苡仁分别拣杂、洗净后，同放入砂锅中，用温水浸泡 30min，视水量可添加清水，和匀，大火煮沸后，改用小火煨煮至酥烂呈羹状，调入制大黄细末及红糖，搅拌均匀，再煮至沸即成。

保健功效：清热解毒，攻积导滞，活血祛瘀，降脂。可当点心，上、下午随意服食，当天吃完。适用于高脂血症，对中老年肝肾阴虚、脾虚湿盛之高脂血症尤为适宜。

注：糖尿病患者慎食。

桂圆莲子百合羹

原料：桂圆肉 20g、莲子 20g、百合 20g。

配料：冰糖 20g。

制法：先用开水浸泡莲子，脱去薄皮。百合洗净，开水浸泡。将桂圆肉、莲子、百合、冰糖放入大碗中，加足水，上锅蒸透，即可食用。

保健功效：补益心脾，清心安神。每天 1 剂，随时服用，连服 10 剂为 1 个疗程。适用于心脾血虚所致神经性失眠伴头晕心悸、食少、月经不调等。

注：糖尿病患者慎食。

百合香蕉羹

原料：百合 150g，香蕉 500g，核桃仁、花生仁各 50g。

配料：冰糖适量。

制法：香蕉剥去皮，切成 2cm 长的段。将百合、核桃仁、花生仁洗净，一同入锅，加适量清水，煮至熟烂，将香蕉下入，放冰糖，微沸煮至冰糖融化即成。

保健功效：养心肾，通血脉，填精髓。

注：糖尿病患者慎食。

9.2.4　百合饮

百合党参藕茶

原料：党参、百合各 10g，莲藕 20g。

制法：将莲藕洗净，去皮，切成小片，备用。百合、党参分别洗净，沥干水分，备用。将莲藕、党参、百合一起入锅，加适量清水，小火煎煮 25min 左右，去渣取汁即可。

保健功效：滋阴补虚，生津养血，健脾补气适用于养血补虚型妇科疾病。

注意：孕妇、腹泻患者忌用。

百合茯苓大枣茶

原料：茯苓、山药各 12g，百合 10g，大枣 10 枚，藕 100g。

配料：白糖适量。

制法：将茯苓、山药、藕分别洗净后切片，大枣去核，将这 4 种材料与百合同置锅内，加适量水，先用大火煮沸，再改用小火煮 30min，去渣留汁，加白糖即成。

保健功效：补益肺脾，益气养血。代茶，频频饮用。适用于更年期综合征，对伴有疲劳、口干、浮肿症状者尤为适宜。

注：糖尿病患者慎食。

灵芝沙参百合饮

原料：灵芝 10g、南沙参 6g、北沙参 6g、百合 10g。

制法：以上 4 味加水煎煮。

保健功效：补虚强身，镇咳平喘。代茶饮。适用于慢性支气管炎患者，对心慌干咳者尤为适宜。

沙参川贝百合饮

原料：沙参 9g、川贝 3g、百合 9g。

制法：加水煎煮取汁。

保健功效：清肺化痰。分 2 次服，每天 1 剂。适用于小儿支气管炎患者。

百合生地茶

原料：百合 5g、生地 3g、花茶 1g。

制法：用百合、生地的煎煮液 300g 泡茶饮用。

保健功效：滋阴润肺，养心安神。代茶饮。适用于失眠者。

百合杞菊杏红饮

原料：百合 50g，枸杞子 30g，杏仁、红花、菊花各 6g。

配料：白糖适量。

制法：杏仁去皮、尖、心。百合、枸杞子、红花、菊花洗净，去杂质后同放炖锅内，加水适量，置于大火上烧沸，再用小火煎煮，加入白糖，搅匀即成。

保健功效：代茶饮用。适用于头痛者，可平肝、祛瘀、疏风、清热、明目。

注：糖尿病患者慎食。

百合安眠液

原料：莲子、桂圆肉各 20g，百合 30g，银耳、酸枣仁各 10g。

配料：冰糖 50g。

制法：将莲子、百合、桂圆肉、酸枣仁洗净，银耳用水发透，洗净，撕成瓣状，冰糖打碎。酸枣仁炒香，放入锅内，加水 300g，小火煎 30min，滤去酸枣仁，留其汁液。将莲子、银耳、百合、桂圆肉及酸枣仁汁液放入炖锅内，加水 2kg，用小火炖熬 1h，加入冰糖融化即成。

保健功效：滋补肾气，宁神安眠。每天当夜宵食用。适用于失眠者。

注：糖尿病患者慎食。

百合桑菊饮

原料：百合 30g，桑叶、菊花、枸杞子各 9g，决明子 6g。

制法：将上述各原料洗净，入锅，水煎，去渣留汁。

保健功效：平肝泻火。代茶饮。适用于肝火上亢、头昏眼花、烦躁失眠、记忆力减退者。

百合合欢花饮

原料：百合 30g，合欢花 6g。

制法：将百合、合欢花一同放入锅中，加水煎汤，取汁即成。

保健功效：疏肝理气，健脾安神。代茶饮。适用于肝气郁结之失眠者。

山楂百合饮

原料：百合 50g、山楂 30g、枸杞子 15g。

制法：将山楂洗净，切成薄片，同百合、枸杞子共入锅中，煎汤。

保健功效：补肾益智，宁心安神。每天 1 次，吃百合、饮汤，连食 3～4 周。适用于心脑供血不足、烦躁失眠、记忆力减退、高脂血症、动脉硬化症患者。

9.2.5　百合面食

花生人参糕

原料：花生仁 150g，白茯苓 120g，百合、山药粉各 30g，人参 10g，面粉 400g。

配料：白糖适量。

制法：将花生仁、百合入温水中浸泡，煮熟，捞出，捣烂成泥。将白茯苓、人参研成细粉。花生、百合、白茯苓、人参、白糖与面粉、山药粉和匀，加水适量，制成糕坯，上笼蒸熟即成。

保健功效：补脾益肾，养心增智。当点心食用。适用于脾肾两虚、气血不足之心神不宁、失眠健忘、反应迟钝、全身困倦、体弱乏力、不思饮食等。

注：糖尿病患者慎食。

百玉馒头

原料：百合粉、山药粉各 100g，玉米面 50g，发酵面 650g，面粉 50g。

制法：将百合粉、山药粉、玉米面一齐放进和面盆拌匀，用适量温水（约 300g）和成面坯，再与发酵面合并揉匀后稍放，待其再发酵，发酵后用面粉揉匀，揉成馒头待用。锅内加 1.5kg 水，取蒸笼屉，铺上湿屉布，摆上馒头，并将笼屉置于锅上，旺火蒸 25min 下笼，取出馒头码在盘内即可食用。

保健功效：润肺消渴，和脾运肠。作为主食，分多餐食用。适用于糖尿病患者等。

宽心素面

原料：百合粉 15g、白果粉 5g、山药粉 50g、面粉 300g、时令青菜叶 100g。

配料：精盐 1g、麻油 5g。

制法：将青菜洗净，用刀切成丝或段，再将百合粉、白果粉、山药粉放进和面盆中混合，再加进 200g 面粉拌匀，加入适量水和成稍硬的面坯，饧面 15min 后放在面案上，撒上面扑揉匀，然后擀成厚薄均匀的大面片，将面片如叠纸扇一样，正反折叠成 5～10cm 宽的长条，用刀切成宽 0.5cm 左右均匀的面条，将切好的面条抖散晾在面案上备用。锅内加 1kg 水煮沸，待水开后将面条撒在沸水中并迅速用筷子拨开，放进青菜叶、精盐、麻油，将面煮熟即可。

保健功效：降糖降压，清肺止渴，除热宁心，固肾缩尿。

清宫健脾糕

原料：百合、山药、莲肉、薏苡仁、芡实、白蒺藜各 500g（均轧细末），粳米粉、糯米粉各 300g。

配料：白砂糖 500g（可按需要酌情增减）。

制法：将各原料细末与粳米粉、糯米粉、白砂糖混合拌匀，冲入开水，拌和，干湿适当，以手握能成团、手松开面散为宜，上蒸笼蒸熟即可食用（粳、糯米粉之比例，可按各人口味调节）。

保健功效：健脾止泻，增进食欲，益肺补肾，安神宁心。适用于体质虚弱、食欲缺乏、脾虚久泻的老年人。

注：糖尿病患者慎食。

枣泥百合酥

原料：枣泥 250g、百合 50g、山药 50g、面粉 500g。

配料：熟猪油、植物油、白糖各适量。

制法：将百合泡发，蒸熟、剁碎，加入熟枣泥、山药制成馅。取面粉 200g，放在面板上，加熟猪油，拌匀，成干油酥。把剩余的面放到面板上，加熟猪油、白糖和适量水，制成水油面团。将干油酥包入水油面里卷成筒状，每 50g 水油面做成枣泥酥 2 个，用刀切成剂子，擀成圆皮，然后用左手托皮，右手把枣泥馅装入皮内，收严口，搓成椭圆形。将锅置火上，注入植物油，待油烧至六成热时，把生坯投入炸至见酥、浮到油面、呈黄色即成。

保健功效：补脾肾，和胃气。佐餐食用。适用于消化不良者。

注：糖尿病患者慎食。

黑枣百合粽

原料：黑枣、鲜荔枝、鲜百合各 100g，紫米、糯米各 300g，草果 3g，鲜芦叶 1kg。

制法：将黑枣、荔枝、百合、紫米、糯米、鲜芦叶等分别洗净，百合用沸水轻焯后捞出与黑枣一齐用清水浸泡待用，再将紫米、糯米合并放进盆内，用稍温的水（约 30℃）泡透，将芦叶放进煮锅，加 1kg 水煮沸，捞出芦叶后泡在清水中，煮芦叶水留在锅中煮粽时再用。取煮好的芦叶 2～3 片，大小颠倒错开，双手横握芦叶，以叶的中心交叉对折成三角或牛角形（叶子头尾朝上折），先放进 1 枚荔枝在底下角，取泡好并拌匀的紫米、糯米放在中心（米不宜过多或太实），并在左右两角分别放上 1 个黑枣和 1 片百合瓣，再将留余的叶子折叠、包住（或盖住）米枣等，使成长 6cm 左右、两头斜齐、形似斧头的粽子，然后用绳或白线捆扎住，将粽子逐个做好后备用。取煮锅将粽子一层层码在锅里，加进草果和煮芦叶的水，再根据粽子多少适当加些凉水（漫过粽子 2cm），将锅置于旺火上蒸煮 30min（以沸开计算），改小火再煮 20min 便可停火，稍焖取出，码在盘中即可。

保健功效：降脂减肥，降糖降压。分多餐食用。适用于糖尿病患者等。

注：皮肤感染者不宜食用。

山楂百合元宵

原料：糯米面 1150g、面粉 1kg、鲜山楂 500g、百合 350g、芝麻 100g。

配料：糖粉适量。

制法：山楂洗净后蒸烂，待凉后去皮、核，制成山楂泥待用。百合煮熟，捞出，沥水，捣成泥。将糖粉、面粉、山楂泥、百合泥混合，加入芝麻，搅拌均匀，装入木模框中，压平、实，脱模后切成小方块。取平底容器，倒入糯米面盖好，用漏勺盛馅蘸上水，倒入糯米面中，滚动数次，取出后蘸水再滚动，这样连续多次滚动即成生元宵，按常规煮熟即成。

保健功效：活血养心，降压降脂。适用于高血压、高脂血症患者等。

注：糖尿病患者慎食。

百合糕

原料：百合 150g，糯米粉、大米粉各 300g。

配料：红糖 100g，发酵粉适量。

制法：将百合洗净，放入锅中，加水适量煮熟，捞出，捣烂成泥待用。盆内放适量发酵粉，用温水冲开，搅匀，加入糯米粉、大米粉和成面团，面团发酵后加入百合泥、红糖揉匀，做成糕，略饧片刻，上笼蒸 15min 即成。

保健功效：健脾和胃，涩肠止泻。早餐食用，每天 1 次。适用于消化不良者。

注：糖尿病患者慎食。

栗子土豆蒸糕

原料：栗子 100g，百合、花生仁、黑芝麻各 20g，红豆沙 50g，土豆 500g。

配料：白糖、蜂蜜、淀粉各适量。

制法：将栗子用刀切开一个口，放入温水中浸泡，去壳及皮，洗净，用开水锅煮熟，切成小块。将百合泡发，土豆煮熟，去皮，切小块，压成泥，与栗子肉、红豆沙、白糖、蜂蜜混合均匀。将百合、花生仁切碎，与黑芝麻下锅同炒，加在土豆、栗子、红豆沙中，加水适量与淀粉调拌均匀，上笼屉蒸熟。

保健功效：调养胃肠。当点心食用。适用于消化不良者。

注：糖尿病患者慎食。

柚肉酥饼

原料：鲜柚肉 250g、奶粉 100g、百合粉 50g、面粉 500g。

调料：发酵粉 5g、菊糖 0.5g、精盐 1 克、橘子型香精 2g、花生油 10g。

制法：取 400g 面粉放进和面盆内，加入百合粉拌匀，再取汤碗放入发酵粉，用 200g 温水溶化，并加进香精、精盐和花生油搅匀，倒进面中再和成面坯，稍放发酵备用。另将柚子皮剥掉去除柚子核，将柚子肉用搅馅机搅成泥糊状，加进奶粉、菊糖拌匀稍腌。取发好的面坯加面扑揉搓成长面剂，分成 30 个小面剂，按扁擀成圆皮，逐个包上腌好的柚肉馅泥，捏成圆形并将其按扁成圆馅饼，再用刀在外侧圆弧圈处转切 5～6 竖刀（不露馅为度），码在烤盘上，放进烤箱，用 180℃烤 15min 取出，码在盘中即可。

保健功效：降糖降压，降脂减肥。分多餐食用。适用于糖尿病患者等。

9.2.6　百合菜肴

百合鳗鱼

原料：鳗鱼肉 200g、鲜百合 100g。

配料：黄酒、葱、姜、盐、味精。

制法：将百合撕去内膜，用盐搓，洗净，盛入碗中。鳗鱼肉放入碗中，放少许盐、黄酒腌制 10min，放于百合上，撒上葱、味精，上笼蒸熟即成。

保健功效：补虚赢，适用于辅助治疗肺结核、咳嗽、盗汗、乏力、消瘦等。

白果炒百合

原料：白果 150g、百合 150g、西芹 50g。

配料：盐、高汤、白糖、鸡精、花生油、湿淀粉。

制法：百合洗净，西芹洗净切段后再顺切成条。坐锅点火倒油，待油热后放入白果炒熟，再加入西芹、白糖、盐、高汤、百合、鸡精，用湿淀粉勾芡即可。

保健功效：润肺止咳，抗菌消炎，提高机体免疫力。

注：糖尿病患者慎食。

益寿长春蛋

原料：莲子、百合各 10g，银耳 5g，鹌鹑蛋 3 个。

配料：冰糖 30 克。

制法：将莲子、百合、银耳洗净，泡发后放入锅中，加清水适量，煮至熟烂，再将鹌鹑蛋磕破后逐个加入锅内，同时放入敲碎的冰糖，煮至蛋熟即成。

保健功效：健脾开胃，补脑强心，益智安神。当点心食用。可用于气血虚衰、智力减退、年老体弱、食欲缺乏、消化不良等症的辅助食疗。

注：糖尿病患者慎食。

百合炖丝瓜

原料：丝瓜 400g、百合 100g、枸杞子 1g。

配料：盐 5g、鸡精 6g、小葱段 8g、姜丝 5g、高汤 800g。

制法：百合用清水浸泡 30min，丝瓜去皮，切滚刀块备用。锅内加高汤烧沸，下入百合、丝瓜、枸杞子、葱段、姜丝炖 6min，调入盐、鸡精即可。

保健功效：安神、清心、润肺解毒、凉血、清热化痰、促进血脉循环。具有美容驻颜、洁肤淡斑作用，可预防衰老。

注：风寒咳嗽、虚寒出血者不宜食用。

百合乌参鸽蛋

原料：百合 50g、水发乌参 2 只、鸽蛋 12 个。

配料：精盐、黄酒、味精、胡椒粉、酱油、熟猪油、植物油、鸡汤、生姜、葱、干淀粉、湿淀粉各适量。

制法：将乌参内壁膜除去，用沸水烫两遍，冲洗干净，用尖刀在腹壁雕刻成菱形。鸽蛋凉水时下锅，用小火煮熟捞出，放入凉水内，剥去壳，放碗内。葱白切成段，生姜洗净，刮去皮，拍碎，植物油入锅烧沸，鸽蛋滚满干淀粉，放入植物油锅内炸至黄色时捞出，将锅烧热，放入熟猪油，油沸后，下葱、生姜煸炒，随后倒入鸡汤，煮一下捞去生姜、葱，加入百合、乌参、酱油、黄酒、胡椒粉，烧沸后捞去浮沫，小火煮约 40min，加入鸽蛋，再煨 10min，盛入盘中，汁内加入味精，调好味，用湿淀粉勾芡，再淋沸猪油，把汁烧在乌参、百合和鸽蛋上即成。

保健功效：滋肾润肺，补肝明目。不拘量佐餐食用，宜常食用。适用于精血亏损、勃起功能障碍、遗精等。

百合炒芦笋

原料：芦笋 300g、新鲜百合 2 个、红枣 8 枚、浮小麦 30g。

配料：橄榄油、盐。

制法：百合掰开，洗净。芦笋去掉老皮，切成两段。红枣和浮小麦加水煮成汤汁备用。锅内加热橄榄油，放入芦笋、百合及汤汁，盖上锅煮 2min，加盐调味即成。

保健功效：养心安神，改善神经官能症引起的心悸、睡眠不安。

卷心菜炒百合

原料：卷心菜 500g、百合 30g。

配料：酱油、盐、味精、姜、葱、素油。

制法：将百合去杂质洗干净，放入清水浸泡一夜，捞起沥干水分。卷心菜洗净，切成 3cm 见方的块。姜切片，葱切段。将炒锅置大火上烧热，加入素油烧至六成热时，下入姜葱爆香，随即下入百合、卷心菜、盐、酱油、味精、炒熟即成。

保健功效：具有抗氧化、防衰老、补骨髓、润脏腑、益心力、壮筋骨等功效。是防癌抗癌菜肴，也是糖尿病和肥胖症患者的理想食物。

注：皮肤瘙痒、眼部充血、脾胃虚寒、胃肠溃疡及出血、腹泻及肝病患者不宜食用。

养颜百合蒸山药

原料：山药 200g、水发木耳 50g、鲜百合 30g、枸杞子 1g。

配料：盐 4g，料酒、淀粉、葱花、香油各适量。

制法：将山药用清水洗净去皮，用刀切成片状备用，将木耳、山药、百合、枸杞子分别用清水洗净，捞出后沥干水分，一起放入碗中，加食盐、料酒，用淀粉勾芡，淋入适量香油，搅拌均匀备用，将拌好的材料入盘，装入蒸锅，大火蒸 7min，至熟透，取出食材，撒上葱花，浇上适量熟油即可食用。

保健功效：美容养颜，滋阴补虚。适用于多种妇科疾病，对月经不调、便秘、面色无光泽有治疗作用。

注：孕妇、感冒、出血者不宜食用。

百合枸杞炖鸽

原料：百合 15g、芡实 8g，枸杞子、补骨脂、菟丝子、覆盆子各 6g，鸽肉 150g。

配料：米酒适量。

制法：将百合、枸杞子、补骨脂、菟丝子、覆盆子、芡实一同包入纱布袋，鸽肉切块。将鸽肉、纱布袋入锅，加水、米酒各等量，大火煮沸后改用小火炖 1h，即可食用鸽肉。

保健功效：湿阴补虚，固精缩尿。适用于遗精、滑精诸症。

注：腹泻便溏者不宜食用。

枸杞百合蒸鸡

原料：鸡肉 400g、百合 20g、红枣 20g、枸杞子 15g。

配料：精盐 3g、淀粉 8g、料酒 6mL，姜片、葱花适量。

制法：红枣洗净去核，切碎备用。鸡肉斩成小块入碗，放入枣肉、百合、枸杞子、姜片、精盐、料酒、淀粉搅拌均匀。再往鸡肉中放淀粉，搅拌呈浆状，腌制 10min。腌制好的鸡肉入蒸锅，大火蒸 15min，撒上葱花即可食用。

保健功效：防癌抗癌，滋阴补虚，提高免疫力。适用于失眠及多种肿瘤辅助治疗。

注意：脾虚有湿者、腹泻便溏者不宜食用。

9.2.7　百合蜜、酒

百合梨蜜

原料：百合 60g、白梨 300g、豌豆 10g。

配料：蜂蜜 50g、冰糖 30g、湿淀粉 50g。

制法：将百合冲洗干净，放在小碟内加蜂蜜拌匀，上屉蒸熟取出备用。白梨去皮、核、切成瓣。冰糖放入锅内加开水 500g，熬化后加入白梨、豌豆，倒入百合，开锅后用淀粉勾芡出锅。

保健功效：润肺止咳，清热宁心。随意食用。适用于慢性支气管炎患者。

注：糖尿病患者慎食。

白果五味子百合蜜

原料：白果 100g、五味子 100g、百合 50g。

配料：蜂蜜 1kg。

制法：白果连壳洗净，壳、肉一同打碎。五味子、百合洗净滤干，白果、五味子、百合用冷水浸泡 1h，然后用小火炖 30～60min，滤取药液，加水继续炖，合并两次药液，倒入盆中，加入蜂蜜，加盖不让水蒸气进入，用大火隔水蒸 2h，离火。凉后装入存储罐食用。

保健功效：敛肺益气，化痰宁咳，平喘润肠。每天饭后服用 10g。适用于肺肾两虚型慢性支气管炎。

注：糖尿病患者慎食。

核桃百合干酒（药酒方）

原料：青核桃仁 600g、百合干 50g。

配料：白酒 1.5kg、冰糖适量。

制法：将原料捣碎，置容器中，加入白酒、冰糖，密封后浸泡 20d，待酒变黑褐色时，开封过滤去渣即可饮用。

保健功效：健脾和胃。每次饮 10g，每天 1 次。适用于消化不良者。

注：糖尿病患者慎食。

二黄莲子增智酒（药酒方）

原料：熟地黄、黄精、莲子各 50g，百合、远志各 25g。

配料：白糖 500g，白酒 2.5kg。

制法：将原料洗净捣碎，置容器中，加入白酒，密封浸泡 15d 后药性析出，过滤去渣，加入白糖即成。

保健功效：滋补肝肾，养血益精，安神增智，健脾益肺。每次空腹服 10～15g，每天 2 次。适用于精血不足、肝肾阴虚之失眠多梦、心悸眩晕、健忘、体倦神疲、头晕耳鸣等症。

注：糖尿病患者慎食。

9.3 药用

9.3.1 药用价值

百合味甘，性平，微寒，入心、肺，具有清心安神、益智健脑、镇静助眠、润燥、补中益气、滋补强身、利脾健胃、清热利尿、调节内分泌等功效。对医治邪气犯肺、肺气痹阻、痰浊内蕴、肺络扩张有特别功效。可辅助治疗肺结核、咳嗽、气管炎、咯血、体虚肺弱、疮痈肿瘤、高血压、高血脂、神经官能症、神经衰弱、失眠、心慌意乱、惊悸、脚气水肿、涕泪过多、便秘、更年期综合征、胃病、肝病、贫血等症。现代医学研究证明其对痛风、糖尿病、白血病、艾滋病均有疗效。

根据文献报道，每 100g 百合鲜鳞茎成分含量为：能量 162kcal，蛋白质 3.2g，脂肪 0.1g，膳食纤维 1.7g，碳水化合物 38.8g，硫胺素 0.02mg，核黄素 0.04mg，烟酸 0.7mg，维生素 B_1 0.02mg，维生素 B_2 0.01mg，维生素 C 18mg，磷 61mg，钾 510mg，钙 11mg，钠 6.7mg，镁 43mg，铁 1.1mg，锌 0.5mg，铜 0.24mg，锰 0.35mg，硒 0.2μg，谷氨酸、精氨酸、脯氨酸、天冬氨酸等 17 种氨基酸，还有秋水仙碱、百合苷 A、百合苷 B、淀粉、β- 谷甾醇等。

百合在我国的药用历史最早记载于《神农本草经》，载其"主治邪气腹胀，心痛。利大、小便，补中益气"。《本草求真》记载："百合专入心、肺。甘淡微寒。功有利于肺心，而能敛气养心，安神定魄"。《本草经疏》记载："百合得土金之气，而兼天之清和，故味甘平，亦应微寒无毒。入手太阳、阳明，亦入手少阴。故主邪气腹胀，所谓邪气者即邪热也，邪热在腹故腹胀，清其邪热则胀消矣。解利心家之邪热，则心痛自瘳。肾主二便，肾与大肠二经有热邪，则不通利，清二经之邪热，则大小便自利。甘能补中，热清则气生，故补中益气。清热利小便，故除浮肿胪胀，痞满寒热，通身疼痛，乳难，足阳明热也。喉痹者，手少阳三焦，手少阴心家热也。涕泪，肺肝热也。清阳明、三焦、心部之热，则上来诸病自除"。

9.3.2 百合炮制

来源：百合科植物卷丹、百合或山丹的干燥肉质鳞片，野生或栽培，全国大部分地区有生产。秋、冬季节采挖，洗净，剥取鳞片，置沸水中略烫，干燥。药材以肉厚、质硬、色白者为佳。

百合：取原药材，除去杂质，筛净灰屑。

蜜百合：取净百合，置炒制容器内，用文火加热，炒至颜色加深时，加入用适量开水稀释过的炼蜜，迅速翻炒均匀，并继续用文火炒至微黄色、不粘手时，取出晾凉。每 100kg 百合用炼蜜 5kg。

蒸百合：取原药材，除去杂质，置蒸制容器内，先烧开水，后放入装有百合的容器，隔水蒸熟后取出晒干。

成品性状：长椭圆形鳞片，表面乳白色、淡黄棕色或微带紫色；有数条平行的白色维管束；顶端稍尖，基部较宽，边缘薄，微向内弯曲；质硬而脆，断面较平坦，角质样，半透明，味微苦。蜜百合表面黄色，偶见焦斑，略带黏性，味甜。蒸百合淡黄棕色，半透明，味苦甘。

质量标准：百合含水溶性浸出物不得少于 18.0%。

贮藏：贮藏于通风干燥处。

9.3.3　百合药用验方

《本草纲目》收录方

百合知母汤：治伤寒后百合病，行住坐卧不定，如有鬼神状，已发汗者。用百合七枚，以泉水浸一宿，明旦更以泉水二升，煮取一升，却以知母三两，用泉水二升煮一升，同百合汁再煮取一升半，分服。

百合鸡子汤：治百合病已经吐后者。用百合七枚，泉水浸一宿，明旦更以泉水二升，煮取一升，入鸡子黄一个，分再服。

百合代赭汤：治百合病已经下后者。用百合七枚，泉水浸一宿，明旦更以泉水二升，煮取一升，却以代赭石一两，滑石三两，水二升，煮取一升，同百合汁再煮取一升半，分再服。

百合地黄汤：治百合病未经汗吐下者。用百合七枚，泉水浸一宿，明旦更以泉水二升，煮取一升，入生地黄汁一升，同煎取一升半，分再服。

百合变渴：病已经月，变成消渴者。百合一升，水一斗，渍一宿，取汁温浴病人。浴毕食白汤饼。

百合变热者：用百合一两，滑石三两。为末。饮服方寸匕[①]。微利乃良。

百合腹满，作痛者：用百合炒为末，每饮服方寸匕，日二。

阴毒伤寒：百合煮浓汁，服一升良。

肺脏壅热，烦闷咳嗽者：新百合四两，蜜和蒸软，时时含一片，吞津。

肺病吐血：新百合捣汁，和水饮之。亦可煮食。

耳聋耳痛：干百合为末，温水服二钱，日二服。

拔白换黑：七月七日，取百合熟捣，用新瓷瓶盛之，密封挂门上，阴干百日。每拔去白者掺之，即生黑者也。

游风隐疹：以楮叶掺动，用盐泥二两，百合半两，黄丹二钱，醋一分，唾四分，捣和贴之。

疮肿不穿：野百合，同盐捣泥，敷之良。

天泡湿疮：生百合捣涂，一、二日即安。

鱼骨哽咽：百合五两。研末。蜜水调围颈项包住，不过三、五次即下。

小儿天泡湿疮：曝干研末，菜子油涂，良。

肠风下血：百合子酒炒微赤，研末，汤服。

---

① 　1方寸匕≈2.74mL

保和汤《证治准绳》方

知母、贝母、天冬、麦冬、款冬花各一钱，天花粉、薏苡仁、杏仁各五分，五味子十二粒，马兜铃、紫菀、百合、桔梗、阿胶、当归、百部各六分，粉草、紫苏、薄荷各四分，加生姜三片，饴糖一匙，水煎服。治久咳肺痿。

百合固金汤

熟地黄三钱，生地黄二钱，贝母、百合、当归、炒芍药、甘草各一钱，玄参、桔梗各八分，麦冬五分。水煎服。主治虚火上炎，咽燥口干，咳嗽气喘，痰中带血，午后潮热。

百花定喘丸（中成药）

牡丹皮、橘皮、桔梗、天门冬、紫菀、麦冬、杏仁、黄芩、麻黄、前胡、百合、天花粉、薄荷各2kg。款冬花、沙参、五味子、石膏各1kg。蜜丸，每服三钱，日二次，治痰热壅盛，咳嗽喘促，胸膈满闷，咽干口渴。

肝肺火盛方

八宝治红丹：侧柏叶、地黄炭、荷叶炭、橘皮、牡丹皮、黄芩、百合各2kg，石斛、生地黄各1.5kg，橘络1.25kg，铁树叶、鲜荷叶、大蓟、甘草、木通、京墨各1kg，浙贝母750g，棕榈炭500g。蜜丸，每服9g。治肝肺火盛，吐血衄血，阴虚咳嗽，痰内带血。

结核干咳或痰中带血

百合25g，麦冬、玄参、芍药各10g，生地黄12g，熟地黄20g，当归、桔梗、甘草各5g，贝母6g，水煎服或为丸。

百合丸

组成：百合一两、紫菀一两（洗去苗土）、桂心半两、麦冬一两（去心、焙）、皂荚子仁半两（微炒）、贝母一两（煨微黄）、五味子一两、干姜一两（炮裂，锉）、杏仁一两（汤浸，去皮尖双仁，麸炒微黄，研）、诃黎勒皮一两、甘草半两（炙微赤，锉）。

制法：上研末，入杏仁同研令匀，以枣肉为丸，如半枣大。

功能主治：咳嗽上气、心膈烦闷、胸中不利。

服用方法：以绵裹1丸，含咽津，不拘时候。

陶氏柴胡百合汤

组成：鳖甲（酢炙）二钱，柴胡、百合、知母、生地黄、陈皮、人参、黄芩、甘草各一钱，锉、作一贴，入姜三片，枣二枚，水煎服。

功能主治：百合病及劳复等症。

丹参百合饮

组成：丹参 15～30g、百合 12～24g、乌药 12g、檀香 10～15g、砂仁 6～10g、甘草 6g、仙灵脾 15g、牛蒡子 10g。

制法：以上诸药加水 500g 浓煎取汁 200g。

功能主治：消痰散痞，清热去瘀。适用于反流性食管炎患者。

服用方法：每天 1 剂，分 3 次服，连续服药 3 周为 1 个疗程。若吞咽食物梗阻，喉中痰鸣，胸膈满闷者加半夏、厚朴各 10g；若伴有胸骨烧灼刺痛，食入即吐，水饮难下，大便干结者加五灵脂、蒲黄各 10g；若吞咽梗涩而痛，口干咽燥，五心烦热，形体消瘦者加沙参、冬凌草、生地各 15g；若长期饮食不下，形寒肢冷，神疲气短，泛吐清涎，腹胀足肿等加川附片 30g、肉桂 6g。

丹参百合山楂蜜

组成：丹参 500g、百合 250g、山楂 200g、蜂蜜 1kg、冰糖 60g。

制法：将前 3 种原料用水浸泡 2h 后煎成汁液去渣。再把蜂蜜、冰糖下入汁液内，以微火煮开 30min，待黏稠时离火，冷却后盛入容器内密封保存。

功能主治：平肝补肾，活血化瘀，破瘀通经。适用于肝肾虚损、血瘀气滞、月经不调、闭经等。

服用方法：每天 3 次，每次 1 匙，以温开水冲饮，可长期服用。

注：糖尿病患者慎用。

百合汤

组成：百合、赤茯苓、陈皮（去白）、紫苏茎叶、人参、大腹皮、猪苓、桑白皮、枳壳（麸炒）、麦冬（去心）、甘草（炙）各一两，马兜铃七枚（和皮）。粗捣筛，每服四钱，水一盏半，入生姜一枣大，同煎至八分，去渣，不拘时温服。

功能主治：治肺气壅滞，咳嗽喘闷，膈脘不利，气痞多渴，腰膝浮肿，小便淋涩。

西瓜陈皮百合膏

组成：西瓜 15kg、陈皮 60g、百合 30g、生石膏 30g、制半夏 30g、炒苏子

30g、杏仁 15g、生阿胶 15g、甘草 300g、五味子 9g，蜂蜜适量。

制法：以上十味药加水煎汁，过滤去渣，将汁熬沸，收清膏，每 500g 清膏加 1.5kg 蜂蜜调匀装瓶。

功能主治：清热化痰止咳，生津止渴。适用于慢性支气管炎患者。

服用方法：每次 30g，1 日 2～3 次，开水冲服。

注：风寒外感型咳嗽不宜服用，糖尿病患者慎用。

百合荸荠梨膏

组成：百合 15g、荸荠 30g、雪梨 1 个，冰糖适量。

制法：将荸荠洗净去皮捣烂，雪梨洗净切碎去核，百合洗净，与冰糖一同入锅，加适量水，用大火煮沸后转用小火煮至汤稠。

功能主治：润肺，清热，化痰。适用于慢性支气管炎。

服用方法：每天 2 次，每次 1 小匙（约 20g），温开水送饮。

注：糖尿病患者慎用。

秋梨川贝膏

组成：雪梨 1kg，款冬花、百合、麦冬、川贝各 30g，冰糖 50g，蜂蜜 200g。

制法：将诸药切碎，加水煎取浓汁，去渣，将梨、冰糖、蜂蜜兑入，小火煎成膏。

功能主治：润肺养阴，止咳化痰。适用于肺阴虚有痰引起的口咽干燥，咳嗽痰黏者。

服用方法：每次 15g，每日 2 次，温开水冲服。

注：糖尿病患者慎用。

山楂大枣百合膏

组成：山楂 150g、大枣 50 枚、百合 50g、白糖 20g。

制法：将上药熬成膏状。

功能主治：活血化瘀、益气补脾、降压降脂。适用于冠心病患者。

服用方法：每次服 10g，每天 2 次。

注：糖尿病患者慎用。

枇杷叶枣梨百合干膏

组成：枇杷叶 50 片、大枣 250g、梨 2 个、百合 120g、蜂蜜 150g。

制法：将枇杷叶加 1kg 水煮沸 1h，过滤药汁，再加 600g 水煮 30min，过滤药汁，除净混悬在药汁中的枇杷叶毛。另将梨去皮、心，切碎，与大枣、百合干、蜂蜜同放锅内，倒入药汁，煮 30min 后翻转，再煮 30min，用瓷罐收贮。

功能主治：润肺健脾，美容乌发。适用于头发花白者。

服用方法：随意温服。

注：糖尿病患者慎用。

百合厚朴膏

组成：百合 120g、厚朴 60g、杏仁 60g、桑白皮 60g、天冬 60g、大黄 15g，蜂蜜适量。

制法：以上前 6 味加适量水煎透，加入蜂蜜收膏。

功能主治：润肠通便。适用于肠燥便秘者。

服用方法：每次 30g，每日 2 次。

注：糖尿病患者慎用。

百合二仁蜜

组成：鲜百合 50g（或干品 25g）、柏子仁 10g、酸枣仁 25g、红枣 10 枚、蜂蜜 10g。

制法：将柏子仁、酸枣仁、百合共入砂锅中，水煎 2 次。去渣合汁一大碗，加入大枣和适量清水，小火炖 30min，离火，加入蜂蜜搅匀即成。

功能主治：滋肝养心安神。适用于阴虚火旺引起的心悸、失眠者。

服用方法：每日 1 剂，连用 5～7d 为一疗程。

注：糖尿病患者慎用。

清金汤

组成：粟壳（蜜炒）15g、甘草（炙）15g、陈皮（去白）30g、茯苓（去皮）30g、杏仁（去皮尖，炒）30g、阿胶（炒）30g、五味子 30g、桑白皮（炒）30g、薏苡仁 30g、紫苏 30g、贝母（去心）30g、半夏曲 30g、百合 30g、款冬花 30g、人参 30g。

制法：上药㕮咀。每服 8 钱，以水 1 盏半，加生姜 3 片，大枣 2 枚，乌梅 1 个，煎至 8 分，去滓，食后温服。

功能主治：远年近日咳嗽，上气喘急，喉中涎声，胸满气逆，坐卧不安，饮食不下。

团参饮子（济生方）

组成：人参、紫菀茸（洗）、阿胶（蛤粉炒）、百合（蒸）、细辛（洗去叶、土）、款冬花、天冬（汤浸去心）、枣仁（去皮尖、炒）、半夏（汤泡七次）、经霜桑叶、五味子各一两，甘草（炙）5 钱。

制法：水 1 盏半，加生姜 5 大片，煎至 7 分，去滓，食后温服。

功能主治：治因抑郁忧思，喜怒饥饱失宜，致脏气不平，咳嗽脓血，渐有肺痿，憎寒壮热，羸瘦困顿，将成劳瘵。

服用方法：每服 4 钱。

重要提示：①本书所介绍保健方、食疗方及药方使用前须咨询医师；②古方仅摘录介绍，使用前需核对计量单位，并咨询医师；③百合入药的验方非常丰富，本书只摘录部分传统方及常用方。

参 考 文 献

爱心家肴美食文化工作室 . 2007. 家常主食 666[M]. 青岛：青岛出版社 .

陈东银，孟英武 . 2015. 餐桌上的中药百合 [M]. 北京：金盾出版社 .

陈丽静，葛菱，张丽等 . 2011. 朝鲜百合鳞茎诱导及再生体系建立 [J]. 中国农学通报，27（9）：121～124.

陈丽静，殷小娟，李俊岚等 . 2013. 细叶百合鳞片诱导与遗传转化组培体系的建立 [J]. 西南农业学报，26（2）：718～722.

陈梦雷（清）.1995. 古今图书集成医部全录（点校本）[M]. 北京：人民卫生出版社 .

陈霞，王绍先，王振国等 . 2010. 长白山保护开发区生物多样性保护与可持续发展 [M]. 长春：吉林科学技术出版社 .

陈香秀 . 2010. 百合的研究进展 [J]. 福建热作科技，2：45～48.

陈友平，付群 . 2009. 国药绝学百合 [M]. 上海：上海科学技术文献出版社 .

程千钉，杨晓苓，杨利平 . 2011. 麝香百合 'Snow Queen' × 毛百合种间杂交种的育成 [J]. 河北农业大学学报，34（2）：43～47.

崔德才，徐培文，李红双等 . 2003. 植物组织培养与工厂化育苗 [M]. 北京：化学工业出版社 .

崔凯峰，黄利亚，马宏宇等 . 2016. 长白山区毛百合引种栽培试验及繁育技术 [J]. 北华大学学报（自然科学版），13（5）：601～606.

崔凯峰，黄祥童，赵莹等 . 2012. 长白山野生百合迁地保护与可持续发展技术 [J]. 北华大学学报（自然科学版），17（6）：705～709.

段超 . 2009. 几种百合组织培养及多倍体育种技术的研究 [D]. 北京：北京林业大学硕士学位论文 .

傅沛云 . 1995. 东北植物检索表：第 2 版 [M]. 北京：科学出版社 .

傅伊倩，孔滢，刘燕 . 2012. 大花卷丹的组织培养及限制生长保存 [J]. 植物生理学报（自然科学版），48（3）：277～281.

高红莉 . 2007. 巧做家常菜 999[M]. 青岛：青岛出版社 .

关婧竹，雷家军，李雨等 . 2009. 毛百合 × 有斑百合种间杂种的核型研究 [J]. 吉林农业大学学报，31（1）：32～36，44.

郭海滨，雷家军 . 2006. 卷丹百合鳞片及珠芽组织培养研究 [J]. 农业生物技术科学，22（2）：72～74.

国家中医药管理局《中华本草》编委会 . 2004. 中华本草蒙药卷 [M]. 上海：上海科学技术出版社 .

洪波 .2000. 百合花卉的研究综述 [J]. 东北林业大学学报，28（2）：68～70.

黄利亚，崔凯峰，黄柄军等. 2015. 长白山区垂花百合园艺栽培技术 [J]. 北华大学学报（自然科学版），16（4）.

吉林省中医中药研究所，长白山自然保护区管理局，东北师范大学生物系. 1982. 长白山植物药志 [M]. 长春：吉林人民出版社.

纪莹，雷家军，李明艳等. 2011. 毛百合与布鲁拉诺杂交后代的抗寒性研究 [J]. 东北农业大学学报，42（1）：109～113.

雷家军，潘玲立. 2009. 东北百合鳞片离体培养研究 [J]. 沈阳农业大学学报，40（4）：532～535.

雷家军，徐莹. 2013. 垂花百合鳞片离体培养研究 [J]. 东北农业大学学报，44（1）：96～100.

李锡香，明军.2014. 百合种质资源描述规范和数据标准 [M]. 北京：中国农业科学技术出版社.

李时珍（明）. 2007. 本草纲目 [M]. 哈尔滨：北方文艺出版社.

刘凤霞，崔凯峰，金慧等. 2011. 长白山区大花卷丹的开发利用及园艺栽培技术 [J]. 吉林林业科技，40（2）：5～7.

刘明财，崔凯峰，梁永君等. 2004. 东北百合的开发利用及栽培技术 [J]. 吉林林业科技，33（3）：17～20.

刘明财，崔凯峰，郑明艳 . 2004. 长白山野生观赏植物引种与栽培试验 [J]. 东北林业大学学报，32（4）：22～28.

龙雅宜，张金政，张兰年 . 1999. 百合——球根花卉之王 [M]. 北京：金盾出版社 .

陆美莲，许新萍，周厚高等. 2004. 均匀正交设计在百合组织培养中的应用 [J]. 西南农业大学学报（自然科学版），26（6）：699～702.

吕佩珂，段半锁，苏慧兰等. 中国花卉病虫害原色图鉴：上、下册 [M]. 2001. 北京：蓝天出版社.

吕佩珂，高振江，张定棣等. 1999. 中国粮食作物、经济作物、药用植物病虫原色图鉴：上、下册 [M]. 内蒙古：远方出版社.

么厉，程惠珍，扬智等. 中药材规范化种植（养殖）技术指南 [M]. 2006. 北京：中国农业出版社.

庞晓霞，雷家军，徐莹等. 2012. 毛百合鳞片离体培养与快速繁殖研究 [J]. 辽宁林业科技，40（8）：35～36.

皮埃尔 – 约瑟夫·杜雷德 . 百合圣经 [M]. 译术大师编辑部，译 . 2015. 北京：北京联合出版社 .

秋雨. 2007. 中医食疗与养生 [M]. 北京：中国戏剧出版社.

汪松，解焱. 2004. 中国物种红色名录 [M]. 北京：高等教育出版社.

王春梅，王金达，刘景双等. 2003. 东北地区森林资源生态风险评价研究 [J]. 应用生态学报，14（6）：863～866.

王季平. 1989. 长白山志 [M]. 吉林：吉林文史出版社.

王作生，张燕．2007. 家常保健菜 888 [M]. 青岛：青岛出版社.

王作生，张燕. 2007. 营养汤煲 777[M]. 青岛：青岛出版社.

严仲凯，李万林. 1997. 中国长白山药用植物彩色图志 [M]. 北京：人民卫生出版社.

杨宝山，胡庆华．2012. 食用百合种植实用技术 [M]. 北京：科学技术文献出版社.

杨春起. 2008. 观赏百合实用生产技术 [M]. 北京：中国农业大学出版社.

杨利平，杨青杰. 2003. 百合研究综述 [J]. 韶关学院学报（自然科学版），24（9）：87～91.

杨炜茹，孙明，刘鹏等. 2009. 野生渥丹离体培养再生体系的研究 [J]. 安徽农业科学，1：533～534.

张福有. 2007. 长白山文化述要 [J]. 长白学刊，5：139～143.

张敩方，闫永庆，刘宏伟等. 1994. 毛百合繁殖生物学研究（Ⅴ）[J]. 东北林业大学学报，22（6）：18～23.

张艳波. 2013. 毛百合组织培养与试管鳞茎膨大的研究 [D]. 黑龙江：东北林业大学硕士学位论文.

赵祥云，王树栋，刘建斌等. 2005. 鲜切花百合生产原理及实用技术 [M]. 北京：中国林业出版社.

浙江农业大学. 2001. 植物营养与肥料 [M]. 北京：中国农业出版社.

中国农业科学院郑州果树研究所，果树研究所，柑桔研究所. 1987. 中国果树栽培学 [M]. 北京：农业出版社.

中国植被编辑委员会. 1980. 中国植被 [M]. 北京：科学出版社.

《中医辞典》编辑委员会. 1979. 简明中医辞典 [M]. 北京：人民卫生出版社.

附　　录

附录1　百合鲜切花质量等级划分标准

表1　亚洲百合鲜切花质量等级划分标准

项目	等级		
	一级品	二级品	三级品
花	花色纯正、鲜艳具光泽；花形完整、均匀对称；小花梗坚挺；花蕾数目≥9朵	花色良好；花形完整；小花梗较坚挺；花蕾数目7~8朵	花色一般；花形完整；小花梗柔弱；花蕾数目5~6朵
花茎	挺直、强健、有韧性，粗细均匀一致，长度≥90cm	挺直、强健、有韧性，粗细较均匀，长度75~89cm	略有弯曲，较细弱，粗细不均，长度50~74cm
叶	叶色亮绿、有光泽；排列整齐分布均匀；叶面清洁、平展	叶色亮绿；排列整齐，分布均匀；叶面清洁	叶色一般，略有褪绿；叶片较整齐；叶面略有污损
采收时期	基部第一朵花蕾完全显色但未开放		
装箱容量	每10支捆为一扎，每扎切花最长与最短的差别不超过1cm	每10支捆为一扎，每扎切花最长与最短的差别不超过3cm	每10支捆为一扎，每扎切花最长与最短的差别不超过5cm

注：形态特征——多年生球根花卉，地下鳞茎肥大，地上茎直立；叶外向狭披针形，排列密集，光滑；花朵多数，排列成总状花序，花多向上开放，花被片6，雄蕊6，无芳香气味

表2　东方型百合鲜切花质量等级划分标准

项目	等级		
	一级品	二级品	三级品
花	花色纯正、鲜艳具光泽；花形完整均匀；花蕾数目5~6朵	花色良好；花形完整；花蕾数目≥5~6朵	花色一般；花形完整；花蕾数目3~4朵
花茎	挺直、强健、有韧性，粗细均匀一致；长度≥80cm	挺直、强健、有韧性，粗细均匀一致；长度70~79cm	略有弯曲，较细弱，粗细不均；长度50~69cm
叶	亮绿、有光泽、完好整齐	亮绿、有光泽；较完好整齐	褪色
采收时期	基部第一朵花蕾完全显色但未开放		
装箱容量	每10支捆为一扎，每扎切花最长与最短的差别不超过1cm	每10支捆为一扎，每扎切花最长与最短的差别不超过3cm	每10支捆为一扎，每扎切花最长与最短的差别不超过5cm

注：形态特征——多年生球根花卉，地下鳞茎肥大，地上茎直立；叶宽披针形，排列疏散；花数朵排列成总状花序，花朵多侧向开放，花蕾多数，花被片6，雄蕊6，具芳香气味

表 3　麝香百合鲜切花质量等级划分标准

项目	等级		
	一级品	二级品	三级品
花	花色洁白、纯正、具光泽；花形完整、均匀；香味浓烈	花色良好；花形完整；香味浓	花色一般；花形完整；香味正常
花茎	挺直、强健、有韧性，粗壮，粗细均匀一致；长度≥90cm	挺直、粗壮，粗细较均匀，长度80～89cm	略有弯曲，较细弱，粗细不均，长度50～79cm
叶	鲜绿、光泽、无褪色；叶片完好整齐；叶面清洁，平展	鲜绿、无褪色；叶片完好整齐；叶面清洁	叶色一般，略有褪绿；叶片较完好；叶面略有污物
采收时期	第一朵花蕾完全显色但未开放		
装箱容量	每10支捆为一扎，每扎切花最长与最短的差别不超过1cm	每10支捆为一扎，每扎切花最长与最短的差别不超过3cm	每10支捆为一扎，每扎切花最长与最短的差别不超过5cm

注：形态特征——多年生球根花卉，鳞茎肥大，地上茎直立；叶散生，狭披针形，排列密集；花数朵顶生，花朵为喇叭形，侧向开放，花色白色，花被片6，雄蕊6，具芳香气味

附录2　花卉种球等级

序号	种名	一级			二级			三级			四级			五级		
		周长/cm	饱满度	病虫害	周长/cm	饱满度	病虫害	周长/cm	饱满度	病虫害	周长/cm	饱满度	病虫害	周长/cm	饱满度	病虫害
1	亚洲型百合（Asiatic hybrids）	≥16	优	无	14~15	优	无	12~13	优	无	10~11	优	无	9	优	无
2	东方型百合（Oriental hybrids）	≥20	优	无	18~19	优	无	16~17	优	无	14~15	优	无	12~13	优	无
3	铁炮百合（Longiflorum hybrids）	≥16	优	无	14~15	优	无	12~13	优	无	10~11	优	无			
4	L-A百合（L-A hybrids）	≥18	优	无	16~17	优	无	14~15	优	无	12~13	优	无	10~11	优	无
5	盆栽亚洲型百合（Asiatic hybrids pot）	≥16	优	无	14~15	优	无	12~13	优	无	10~11	优	无	9	优	无
6	盆栽东方型百合（Oriental hybrids pot）	≥20	优	无	18~19	优	无	16~17	优	无	14~15	优	无	12~13	优	无
7	盆栽铁炮型百合（Longiflorum pot）	≥16	优	无	14~15	优	无	12~13	优	无	10~11	优	无			

附录3　农药剂型名称及代码

剂型名称	代码	剂型名称	代码	剂型名称	代码	剂型名称	代码
原药	TC	饵膏	PS*	糊剂	PA	固液蚊香	SV*
母药	TK	胶饵	BG*	浓胶（膏）剂	PC	驱虫带	RT*
粉剂	DP	诱芯	AW*	水乳剂	EW	防蛀剂	MP*
触杀剂	CP	浓饵剂	CB	乳油剂	EO	防蛀片剂	MPT*
漂浮粉剂	GP	可湿性粉剂	WP	微乳剂	ME	防蛀球剂	MPP*
颗粒剂	GR	油分散粉剂	OP	脂膏	GS	防蛀液剂	MPL*
大粒剂	GG	水分散粉剂	WG	悬浮剂	SC	熏蒸挂条	VS*
细粒剂	FG	乳粒剂	EG	微囊悬浮剂	CS	烟雾剂	FO*
微粒剂	MG	泡腾粒剂	EA*	油悬浮剂	OF	驱避剂	RE*
微囊粒剂	CG	可分散片剂	WT	悬乳剂	SE	驱虫纸	RP*
块剂	BF*	泡腾片剂	EB	种子处理干粉剂	DS	驱虫环	RL*
球剂	PT	缓释剂	BR	种子处理可分散粉剂	WS	驱虫片	RM*
棒剂	PR	缓释块	BRB*	种子处理可溶粉剂	SS	驱虫膏	RA*
片剂	DT 或 TB	缓释管	BRT*	种子处理液剂	LS	驱蚊霜	RC*
笔剂	CA*	缓释粒	BRG*	种子处理乳剂	ES	驱蚊露	RO*
烟剂	FU	可溶粉剂	SP	种子处理悬浮剂	FS	驱蚊乳	RK*
烟片	FT	可溶粒剂	SG	悬浮种衣剂	FSC*	驱蚊液	RQ*
烟罐	FD	可溶片剂	ST	种子处理微囊悬浮剂	CF	驱蚊花露水	RW*
烟弹	FP	可溶液剂	SL	气雾剂	AE	涂膜剂	LA
烟烛	FK	水剂	AS*	油基气雾剂	OBA	涂抹剂	PN*
烟球	FW	可溶胶剂	GW	水基气雾剂	WBA	窗纱涂剂	PW*
烟棒	FR	油剂	OL	醇基气雾剂	ABA*	蚊帐处理剂	TN*
蚊香	MC	展膜油剂	SO	滴加液	TKD*	驱蚊帐	LTN
蟑香	CC*	超低容量液	UL	喷射剂	SF*	桶混剂	TM*
饵剂	RB	超低容量微囊悬浮剂	SU	静电喷雾液剂	ED	液固桶混剂	KK
饵粉	BP*	热雾剂	HN	熏蒸剂	VP	液液桶混剂	KL
饵粒	GB	冷雾剂	KN	气体制剂	GA	固固桶混剂	KP
饵块	BB	乳油	EC	电热蚊香片	MV	药袋	BA*
饵片	PB	乳胶	GL	电热蚊香液	LV	药膜	MF*
饵棒	SB*	可分散液剂	DC	电热蚊香浆	VA*	发气剂	GE

　　* 为我国制定的农药剂型英文名称及代码

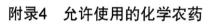

附录4　允许使用的化学农药

农药名称	作物一季最多使用次数	用药量或稀释倍数	农药名称	作物一季最多使用次数	用药量或稀释倍数
5% 抑太保	3	1000～1500 倍	1% 多抗灵	3	150～200 倍
5% 卡死克	3	1000～1500 倍	65% 代森锌	3	600 倍
40% 毒丝本	3	500 倍	70% 代森锰锌	3	300 倍
10% 吡虫啉	3	1000～2000 倍	70% 百菌清	3	600 倍
1% 阿维菌素	3	1000～2000 倍	77% 克杀得	3	500～800 倍
73% 克螨特	3	2000～3000 倍	50% 露速净	3	600～800 倍
15% 扫螨净	3	3000～3300 倍	18% 爱多收	2	6000～8000 倍
50% 锌硫磷	3	1000 倍	72% 链霉素	2	4000 倍
50% 速克灵	3	1500～2000 倍	72% 绿乳铜	2	800 倍
50% 万霉灵	3	750～2000 倍	病毒 K	2	1200～1400 倍
美帕曲星	3	500～1000 倍	20% 病毒 A	2	500 倍
50% 扑海因	2	1000～1500 倍	植病灵	2	500 倍
60% 杀毒矾	3	600～1000 倍	44% 速凯	2	1500 倍
25% 多菌灵	3	400 倍	37% 潜克	3	2500 倍
50% 甲基托布津	3	1000～1200 倍	30% 爱苗	3	1500 倍
敌死虫	3	300 倍	80% 402	3	1500～2000 倍

附录5 禁止使用的化学农药

农药种类	农药名称
有机氯类	六六六、DDT、氯丹、毒杀酚、五氯酚钠、三氯杀螨醇、杀螟威、赛丹
有机磷类	甲基1605、乙基对硫磷、内吸磷、甲胺磷、久效磷、磷胺、异丙磷、三硫磷、高效磷、氧化乐果、蝇毒磷、甲基异柳磷、高渗氧乐果、增效甲胺磷、马甲磷、乐胺磷、速胺磷、水胺硫磷、甲拌磷（3911）、大风雷、叶胺磷、克线磷、磷化锌、氟乙酰胺、速扑杀
氨基甲酸酯类	速灭威、呋喃丹（克百威）、铁灭克、灭多威（甘蓝除外）
熏蒸剂	磷化铝、氯化苦、二溴氯丙烷、二溴乙烷
其他农药	有机砷、苏化203、杀虫脒、益舒定、速蚧克、杀螟灭、狄氏剂、溃疡净、401（抗生素）、敌枯双、普特丹、倍福朗、汞制剂、除草醚、菊酯类

附录6 一些化学物质名称及简写

简写	名称	简写	名称
BA	6-苄基腺嘌呤	ABA	脱落酸
LAA	吲哚乙酸	2,4-D	2,4-二氯苯氧乙酸
IBA	吲哚丁酸	PP_{333}	多效唑
NAA	萘乙酸	Pn	净光合速率
GA	赤霉素	FW	鲜重
D-D	D-D混剂（1,3-二氯丙烷和1,2-二氯丙烯的混合物）	DW	干重
SADH（或 B_9）	丁酰肼（生长抑制剂）	ELISA	酶联免疫吸附分析
ZR	玉米素核苷		

附录7 全国特色蔬菜百合区域布局表

省（自治区）	主产区范围	省（自治区）	主产区范围
甘肃	七里河、永靖、西固、榆中、水登、临洮、城关、皋兰、康乐、水川	山西	平陆
青海	民和、乐都	湖北	十堰
河南	偃师、孟津、汝阳、伊川、洛宁、嵩县、宜阳、新安、栾川	浙江	长兴、湖州
江苏	宜兴、泗洪、大丰	贵州	松桃
安徽	天长、舒城	山东	沂水
江西	万载、分宜、武宁、永丰	福建	连城
湖南	隆回、龙山、马王堆（长沙市芙蓉区）、吉首	广东	连州
广西	东兴	吉林	伊通

附录8　百合物语

百合	物语	百合	物语
香水百合	伟大而纯洁的爱、婚礼的祝福、高贵	水仙百合	喜悦、期待相逢
白百合	纯洁、庄严、心心相印	粉百合	清纯、高雅
葵百合	胜利、荣誉、富贵	黄百合	财富、富贵
野百合	永远幸福	王百合	田园幸福
姬百合	财富、荣誉、清纯、高雅	虎皮百合	庄严
狐尾百合	尊贵、欣欣向荣、杰出	幽兰百合	迟来的爱
玉米百合	执着的爱、勇敢	金百合	艳丽高贵中显纯洁
编笠百合	才能、威严、杰出	火百合	热烈的爱
圣诞百合	喜洋洋、庆祝、真情	黑百合	诅咒、孤傲

附录9　百合花支数的含意

支数	含意	支数	含意
1支	对你情有独钟	25支	没有猜忌
2支	眼中世界只有我俩	26支	旧爱新欢
3支	甜蜜蜜	30支	不需要言语的爱
4支	山盟海誓	36支	浪漫心情全因有你
5支	无怨无悔	44支	亘古不变的誓言
6支	愿你一切顺利	50支	这是无悔的爱
7支	无尽的祝福	56支	吾爱
8支	深深歉意请你原谅	57支	吾爱吾妻
9支	长相守相爱到永远	66支	情场顺利
10支	完美的爱情	77支	相逢自是有缘
11支	爱情，一心一意，最美	80支	让我尽一切弥补你
12支	每日思念对方	88支	用心弥补一切的错
13支	你是我暗恋的人	99支	情无敌，友谊长存
14支	成长的喜悦	100支	执子之手与子偕老
15支	守住你的人	101支	你是我唯一的爱
16支	成长的喜悦	102支	一辈子不凋零的爱
17支	好聚好散，让爱结束	108支	嫁给我吧
18支	女大十八变，越变越好看	123支	爱情自由
19支	一生守候	144支	爱你日月月，生生世世
20支	永远爱你此情不渝	365支	天天想你，天天爱你
21支	你是我的最爱	520支	我爱你到天荒地老
22支	双双对对，生生世世	999支	天长地久，爱无止休
24支	思念，我好想你	1000支	忠诚的爱，至死不渝

后　记

我从小就喜欢花卉，这可能缘于我的父亲爱好养花。我的老家在山东，父亲响应号召"支援边疆"于 20 世纪 60 年代来到吉林省，我在朦胧记事的时候就来到了塞外边陲长白山。80 年代初，当时对于退休尚有接班的政策，初中毕业后我幸运地赶上了接班的末班车。参加工作以后，到了最基层的保护站，工作内容就是保护长白山这片大森林。我的第二家乡长白山那个美呀，叫不上名来的野花，从春到秋绽放着自然的馨香，各种松、柏、灌木、蕨，让我痴迷于大山中，经常在巡护回来时挖几株栽在宿舍窗前。

参加工作两年后（1985 年），长白山国家级自然保护区管理局科研所成立森林调查大队，到基层抽调队员，主要任务是背仪器、查年轮、做记录、辅助科研人员工作，我有幸被领导派去。没有想到的是工作异常艰苦，每天背着油锯（查乔木年轮需伐树）、汽油、罗盘、斧子、砍刀、午餐、雨具等，负重不下 20kg，每天穿行森林 20 余公里，没过几天，从基层抽调的 4 名同志退出了 3 名，只有我坚持了下来。

我能够坚持下来并没有什么特殊之处，主要原因有两个，一是非常尊重研究所的科研人员，他们白天上山忙碌一天，晚上还要到办公室整理内业，那时的内业全部都是自己手写录入，当天的外业数据当天完成记录，任劳任怨，非常辛苦。他们中在 80 年代出了一名科研战线标兵——在当时轰动全国的鸟类专家"鸟博士"赵正阶。身边老一辈科研工作者的敬业精神让我非常景仰。另外一个促使我留下来的原因是我父亲，他一再对我说："机会是给有预备的人而准备的，你的文化水平不高，常年在基层站巡护，到老也不会有出息，我看你也喜欢这份工作，只有吃得了苦、有毅力、耐得住寂寞，才能够厚积而薄发。"

我默默地选择留下，虽自知学问不高、不聪明，但我有韧性、能吃苦耐劳、不服输，在科研的殿堂徘徊着、摔打着。在此期间，我一边坚持自学文化课，一边钻研业务知识。功夫不负有心人，我先考入吉林省委党校函授班，后参加全国成人高考考入吉林农业大学园林系。恰在此时，我参加的"长白山野生观赏植物引种驯化"课题主持人工作发生调动，领导看我工作积极认真，抱着试一试的态度让我接替主持该课题。我在心中暗立誓言，一定要干一行爱一行，在科研上做出一番成绩。在工作之余，图书馆是我去得最多的地方，借阅的资料也最多，真正做到了"工作学习化，学习工作化"。我努力地学习业务知识，遇到实际操作的机会，如鱼得水一般，记物候、引种、分栽、播种、扦插、田间管理、病虫害防治，每项工作都带头干，亲自动手。这期间也发生了许多啼笑皆非的故事。

　　记得某年春天，领导对我说："试验地有一片李子园，多年缺乏管理，你们把它管理起来。"我二话没说就答应了。回来后我与课题组成员一商量，先从剪枝开始，我从图书馆借来一本《果树修剪学》，一边学一边准备对果树"开刀"。当时真的是一点果树修剪知识都没有，正好道旁有一株大李子树，我们就利用它进行实习，左一剪、右一锯，边商量、边修剪，一来二去，我们傻眼了——好好的一株果树，让我们给修剪成秃子了，不仅挂不了果，别人进园看到这种情况可怎么交代？一琢磨，干脆"斩草除根"吧，我们贴着地皮将李子树放倒了……

　　我养花的原则是——不贪多，只求精。众所周知，菊花好养难成型，我首先选择菊花作为练习花卉种植技术的突破口，边看书、边实践。刚开始控制不好高度，打 B_9（丁酰肼可溶性粉剂，一种矮壮素）嫌费事，想省事使用多效唑，没想到用量又大了，整株菊花莲座化。知道菊花喜肥后，我想那还不好办，到卫生间取回人粪尿，挖好坑，放入肥料，回添土，栽上了菊苗，菊花长得真是健壮，我心中暗暗窃喜。哪曾想，直至秋季仍不见花蕾，一查资料才得知，菊花前期喜氮肥，后期需增施磷、钾肥，于是一年的时光又浪费了。我们这里地处长白山高寒山区，每年花芽分化期就上冻，菊花虽然傲霜，但是怕冻，为了欣赏到菊花的风姿，我进行了多次遮光试验，不同的品种对遮光时间及透光率要求不同，通过多年探索，我终于成功掌握菊花遮光栽培技术。

　　我在引种长白山区野生观赏植物时，不畏艰辛、克服困难，长白山脉留下了我的足迹，遇到的危险和困难不计其数，晴天几身汗，雨天几身泥，经常与毒蛇擦身而过，被蜱叮虫咬更是常事。高山引种经常遇到崴脚、滚石等情况，历经危险。在驯化过程中，我对从素有"小江南"之称的集安市引入的珍稀濒危植物——天女木兰的生存及繁殖倾注了心血，第一次引种时天女木兰在越冬时全部死亡，第二次引种后，尽管增加了防寒措施，但是地上部分全部冻死，从地下萌发的新蘖呈灌木状生长。几经探索及查阅资料，调整栽培地点及防寒方式，天女木兰才成功落户长白山下并绽放出洁白的花朵。

　　目前，我对长白山野生观赏植物的引种、栽培、驯化工作已经开展了30余年，进入21世纪，对长白山区的野生百合进行重点引进种源并开展驯化研究。撰写本书，旨在介绍长白山区百合面临的问题和市场开发的意义，期望大众能通过本书了解长白山区美丽的百合花。

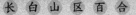

缅怀杨野先生对我慈父般的指导，老一辈科学家的寄语是我持之以恒的动力。感谢宗占江老师将我带入科学殿堂。感谢范宇光博士在本书写作过程中不吝赐教。感谢王新生医生提供了大量百合中药资料。

我坚信，长白山区野生观赏植物的开发前景一定会更加辉煌。

彩　图

1. 毛百合群花栽培

2. 毛百合野生苗

3. 毛百合人工栽培鳞茎

4. 毛百合野生鳞茎

5. 毛百合种子

6. 有斑百合栽培苗

7. 有斑百合野生苗

8. 有斑百合鳞片扦插苗

9. 有斑百合人工栽培鳞茎

10. 有斑百合野生鳞茎

11. 大花百合野生苗

12. 大花百合栽培苗

13. 大花百合人工栽培鳞茎

14. 卷丹栽培苗

15. 卷丹人工栽培群花

16. 卷丹人工栽培鳞茎

17. 卷丹苗期

18. 朝鲜百合栽培苗

19. 朝鲜百合人工栽培鳞茎

20. 大花卷丹栽培苗

21. 大花卷丹蕾

22. 大花卷丹（高 248cm，22 个花蕾）

23. 野生大花卷丹鳞茎及根茎横走

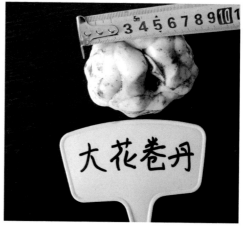

24. 大花卷丹人工栽培鳞茎

25. 山丹栽培苗

26. 野生山丹苗

27. 山丹人工栽培鳞茎

28. 垂花百合栽培苗

29. 垂花百合野生苗

30. 垂花百合野生鳞茎

31. 垂花百合人工栽培鳞茎

32. 垂花百合鳞片扦插

33. 东北百合栽培苗

34. 东北百合野生苗

35. 东北百合人工栽培鳞茎

36. 待扦插园艺百合鳞片

37. 园艺百合栽培

38. 鳞片病斑

39. 百合残、次、病斑鳞片

40. 东方蝼蛄危害百合鳞片扦插苗床

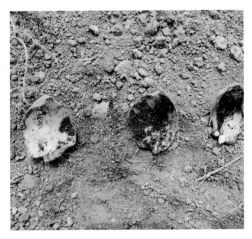

41. 百合鳞片扦插芽

42. 亚洲百合系列园艺品种（1）

43. 亚洲百合系列园艺品种（2）

44. 兰州百合栽培苗（1）

45. 兰州百合栽培苗（2）

46. 兰州百合人工栽培鳞茎

47.'深思'（1）

48.'深思'（2）

49.'珍珠雷恩'（1）

50.'珍珠雷恩'（2）

51.'红色天鹅绒'（1）

52.'红色天鹅绒'（2）

53.'珍珠媚兰'（1）

54.'珍珠媚兰'（2）

55. '状元红'（1）

56. '状元红'（2）

57. '粉色宫殿'（1）

58. '粉色宫殿'（2）

59. '红色宫殿'（1）

60. '红色宫殿'（2）

61.'耶罗琳'（1）

62.'耶罗琳'（2）

63.'白冠军'（1）

64.'白冠军'（2）

65.'红色生活'（1）

66.'红色生活'（2）

67.‘黑美人’（1）

68.‘黑美人’（2）

69.‘丽彩橙卡’（1）

70.‘丽彩橙卡’（2）